外军军事航天发展

（第2版）

曾德贤　陈亚飞　编著

国防工业出版社

·北京·

内 容 简 介

航天技术发展迅速，航天装备日新月异，各国不断发展具有军事色彩的航天力量。本书围绕外军军事航天的发展现状与动态，以目前具备自行发射卫星能力或在军事航天领域具有一定影响的国家和地区的军事航天为研究对象，系统阐述了各国军事航天发展的历史、现状与发展趋势，旨在让读者了解世界军事航天发展历史、厘清军事航天发展脉络、明确军事航天发展趋势。

本书适合从事航天相关工作的工程技术人员作为参考资料，也适合科研院所相关师生作为辅导教材。

图书在版编目（CIP）数据

外军军事航天发展 / 曾德贤，陈亚飞编著. —2 版
. —北京：国防工业出版社，2024.1
ISBN 978-7-118-13080-5

Ⅰ．①外… Ⅱ．①曾… ②陈… Ⅲ．①外国军队-军事技术-航天学 Ⅳ．①V4

中国国家版本馆 CIP 数据核字（2023）第 248540 号

※

国防工业出版社出版发行
（北京市海淀区紫竹院南路 23 号 邮政编码 100048）
三河市腾飞印务有限公司印刷
新华书店经售

*

开本 710×1000 1/16 印张 14½ 字数 242 千字
2024 年 1 月第 2 版第 1 次印刷 印数 1—1600 册 定价 120.00 元

（本书如有印装错误，我社负责调换）

国防书店：（010）88540777　　书店传真：（010）88540776
发行业务：（010）88540717　　发行传真：（010）88540762

第 2 版前言

　　当今世界，越来越多的国家高度重视并大力发展航天事业，世界航天进入大发展大变革的新阶段，对人类社会发展产生重大而深远的影响。尤其在太空安全领域，美国率先将太空视为作战域，北约以及日本、韩国、澳大利亚等国纷纷跟进成立太空司令部等相关军事航天组织，太空军事化、武器化、战场化融合趋势正在加速，国际太空安全体系的稳定性和持续性正在遭受前所未有的挑战。自 2017 年本书第 1 版出版以来，世界军事航天形势发生了翻天覆地的变化。

　　过去的五年，是航天技术快速发展的五年，可重复使用火箭、重型火箭、微小卫星、巨型星座、量子通信、地球观测、核热动力、卫星导航、人工智能等航天技术日趋成熟，并且成本不断降低，人类利用太空的程度和水平空前提高，太空被越来越多的人所熟悉，被越来越多的国家和组织所利用，也为人类生活的方方面面提供着关键支持。

　　过去的五年，是军事航天大踏步发展的五年，美军重新成立了太空司令部，组建了独立的天军，法国、英国、德国、印度、日本、韩国、澳大利亚等国积极跟进，纷纷成立相对独立的太空军事组织。同时着眼未来太空战争，设计太空体系架构，开发部署太空装备，举行太空军事演习，太空对抗性更趋明显。

　　过去的五年，是商业航天快速发展的五年，以美国太空探索技术公司为代表的一批商业公司发射了数千颗航天器进入轨道，太空体系更加具有弹性，结构愈发混合，寓军于民、军民一体成为一种趋势，太空军民两用性和太空商业化发展使太空军备竞争更加复杂化。

　　人类从没有像现在这样仰望星空，从来没有像现在这样离不开太空，也从没有像现在这样面临着如此严峻的太空形势。

　　未来的五年，人类将会重返月球，太空资源开发和利用将变得更加现实，军事航天力量将成为维护太空发展权益的核心力量，同时也将继续作为地面军事行动的"倍增器"，太空也将势必成为大国之间高端竞争的重点、热点。

未来的五年，以大量微小卫星构成的巨型星座为骨干的下一代太空体系架构将初步建成，天基信息支援能力将变得更及时、更精准、更智能，太空对抗能力将更加隐蔽、更加可控，但也更加超乎想象，太空将充满更多的明争暗斗。

未来的五年，民商太空体系与军事太空体系之间的界限将更加模糊。2022年2月以来的俄乌冲突表明，商业航天公司的立场和表现证实其有能力，也有意愿将其太空资产用于军事目的，美国等发达国家也正在努力将商业卫星纳入未来弹性的"混合太空架构"中，军民界限的日趋模糊以及太空环境的复杂多变，将使得太空冲突发生时没有人能置身事外。

探索浩瀚宇宙，发展航天事业，建设航天强国，是我们不懈追求的航天梦。和平探索、开发和利用外层空间是世界各国都享有的平等权利，中国始终坚持和平目的探索和利用外层空间，一贯主张和平利用太空，反对太空武器化和太空军备竞赛，积极参与国际太空合作。

知己知彼，百战不殆。只有密切跟踪掌握世界军事航天态势，才能科学制定建设运用战略政策，服务国家经济建设和社会发展，维护太空安全。只有了解外军军事航天发展，掌握其发展动态，才能更好应对太空安全威胁与挑战，保卫太空资产安全。本书第2版在第1版基础上，更新了世界军事航天领域过去五年的重大发展动态，并纠正和完善了部分内容的表述，期望为读者了解世界主要国家军事航天发展的历史、现状和趋势提供详实的资料支持。

曾德贤

2023年10月于北京

第1版前言

自20世纪初人类开始积极探索太空，经过近100年的发展，人类在和平利用太空方面取得了巨大成就，太空已经和大多数人类活动紧密联系在了一起，而且正在影响着越来越多的人。从1957年第一颗人造卫星发射成功以来，世界上约有60多个国家发射了8000多颗航天器，目前在轨工作的卫星有1400多颗，还有更多的国家依靠这些卫星保障日常生活的便利。也许，很多人不知道太空在哪里，感觉不到卫星在我们头顶运行，但我们的生活已经越来越离不开太空、离不开卫星。1967年签署的《外层空间条约》规定："包括月球和其他天体的外层空间探索和利用，应为所有国家的利益而进行，而不论其经济或者科学发展程度如何，并应成为全人类的事业。"该条约禁止在太空部署包括核武器在内的大规模杀伤性武器。

但宁静的太空背后，却不乏太空军事化、武器化的"鼓噪"与"暗流"。尤其是在第二次世界大战结束后，全球军事力量体系重塑与竞争的过程中，太空成为各国军事竞争新的战略制高点和军事革命的核心领域。谁拥有夺取这一制高点的优势，谁就能保护己方在这一领域行动的自由，谁控制了太空，谁就可以居高临下控制其他战场，掌握战略主动权。

军事航天的概念是随着太空的重要性和航天技术在军事领域逐步应用而产生的，在第二次世界大战后萌芽并起步，经过60多年的发展，尤其是在海湾战争、伊拉克战争以及利比亚战争等战场上的运用，逐渐形成与完善。军事航天力量作为一种新型作战力量，具有战略地位突出、战场空间复杂、技术体系先进、作战运用特殊、军民融合紧密等显著特点。由于其独特的感知太空、进出太空、利用太空和控制太空的优势，已经成为各军事强国重点发展的作战力量。

美俄等国家积极研究军事航天理论，发展军事航天力量，提高他们的军事航天能力，毫不掩饰他们对太空的霸权企图。20 世纪 80 年代，美国国防情报局前局长丹尼尔·格雷厄姆将军提出了"高边疆"理论，倡导美国必须首先开发并尽可能地利用和控制太空领域，建立天基防御体系，通过本国资金与技术的优势打破战略平衡，超越苏联，在太空军事领域取得绝对的优势。为实施"高边疆"战略，美国进而提出了"星球大战"和"太空工业化设想"的计划，设想在太空部署多种具备真正反卫星能力的天基拦截器。"高边疆"理论虽然在 20 世纪 90 年代后终结，但美军太空作战理论却层出不穷，同"高边疆"理论中所倡导的一样，这些理论均认为太空是不可分割的战场，强调美国要保持在太空的绝对军事优势。

苏联早在 20 世纪 60 年代后期，就已从理论上秘密探讨研制天基武器的可行性。当美国提出"星球大战"计划后，苏联加紧实施其一揽子天基武器计划，并进行了成功的试验。1993 年俄罗斯原国防部部长格拉乔夫指出，未来的战争将从"双方的空天进攻行动"开始。在这样的战争中，将没有前线，太空将成为一个独立的军事行动舞台。2002 年俄罗斯军事学者斯里普琴科提出了"第六代战争"的理论，他认为在第六代战争中，太空已成为交战的重要战场，首次打击从太空攻击开始，交战双方将在太空进行太空侦察、太空拦截、太空投送及直接从太空发起攻击。第六代战争首先从太空开始，实际上已经在近几场高技术战争中得到了充分的验证。

在全球化的世界，国家安全要务已经从保卫边界安全扩展到了保护对国家政治和经济利益至关重要的所有方面的安全。最新统计表明，目前参与太空开发的 60 多个国家中，30 多个国家具备不同程度的军事航天能力。太空战将使战场空间更广阔更复杂，战争形态、作战样式、作战行动、作战指挥和作战保障将发生一系列深刻的变革，这些变革将直接制约战争的胜负和结局。

中国一贯主张和平利用太空，反对太空武器化和太空军备竞赛，积极参与国际太空合作。密切跟踪掌握太空态势，应对太空安全威胁与挑战，保卫太空资产安全，服务国家经济建设和社会发展，维护太空安全。知己知彼，百战不殆。只有了解外军军事航天发展，掌握其发展动态，才能更好地面对太空挑战，做出应对措施。

本书结合外军军事航天的最新发展动态，以目前具备自行发射卫星能力或在军事航天领域具有一定影响的美国、俄罗斯、欧洲国家、日本、印度、以色列、伊朗、朝鲜、韩国、巴西、加拿大等国家的军事航天为研究对象，系统阐述了各国军事航天发展的历史、现状及发展趋势，对于读者了解世界军事航天发展历史、厘清军事航天发展脉络、明确军事航天发展趋势具有一定的帮助。

曾德贤
2016 年 9 月

目 录

第 1 章 绪论 ... 1
1.1 航天 ... 2
1.2 军事航天 ... 4
1.3 军事航天地位作用 ... 5
1.4 军事航天技术 ... 6
1.4.1 军事航天器技术 ... 7
1.4.2 军事航天发射技术 ... 22
1.4.3 军事航天测控技术 ... 26
参考文献 ... 31

第 2 章 美国军事航天发展 ... 32
2.1 军事航天的萌芽与起步 ... 32
2.1.1 洲际导弹计划获得最高级优先权,空军成功研制"宇宙神" ... 33
2.1.2 多方努力,陆军首先将卫星成功送入轨道 ... 35
2.1.3 战略侦察机被高空击落,侦察卫星横空出世 ... 41
2.1.4 多次失败,美国人终于第二个进入太空 ... 47
2.1.5 与卫星计划同步,反卫星武器随即出现 ... 49
2.1.6 扬眉吐气,美国人第一个登上月球 ... 52
2.1.7 军事潜力巨大,重金打造航天飞机 ... 56
2.2 军事航天的探索与形成 ... 57
2.2.1 利用和控制太空,"高边疆"战略和"星球大战"计划 ... 58
2.2.2 冷战后反导为主,美国开始大力建设弹道导弹防御系统 ... 63

2.2.3　空军率先成立航天司令部，陆海空各具航天实力 ······ 68
　　　2.2.4　战略司令部成立，集中指挥航天力量 ················ 69
　2.3　军事航天的运用与完善 ································· 72
　　　2.3.1　海湾战争，打响第一次真正的太空战 ················ 72
　　　2.3.2　伊拉克战争，天基信息支援日渐成熟 ················ 74
　　　2.3.3　利比亚战争，天基信息支援从战略向战术发展 ········ 76
　　　2.3.4　叙利亚战争，天基信息支援下的战术作战行动 ········ 78
　　　2.3.5　军事需求牵引，各类军用卫星系统大规模升级换代 ···· 79
　　　2.3.6　条令不断更新，太空作战理论逐渐完善 ·············· 87
　2.4　军事航天的调整与强化 ································· 94
　　　2.4.1　防空和反导走向融合，一体化防空反导作战深度调整 ·· 94
　　　2.4.2　知己知彼，太空态势感知成为太空作战首要任务 ······ 96
　　　2.4.3　做好未来太空作战准备，太空对抗技术试验日益频繁 ·· 102
　　　2.4.4　太空作战演练，"施里弗"系列太空战演习不断开展 ···· 110
　2.5　军事航天的成熟与创新 ································· 114
　　　2.5.1　变革太空安全理念，指引太空力量建设 ·············· 114
　　　2.5.2　重建太空司令部，成为美国第七大地理型作战司令部 ·· 115
　　　2.5.3　组建独立天军，美国第六大军种横空出世 ············ 117
　　　2.5.4　构建混合太空架构，军民商界限不复存在 ············ 121
　　　2.5.5　重返月球，坚持推进地月空间军事化 ················ 126
　参考文献 ··· 127

第3章　俄罗斯（苏联）军事航天发展 ························· 129

　3.1　军事航天的创立与发展 ································· 130
　　　3.1.1　剑走偏锋，研制出首枚洲际弹道导弹 ················ 130
　　　3.1.2　集中领导，成功发射世界上第一颗卫星 ·············· 132
　　　3.1.3　竞赛失利，苏联的侦察卫星来得比美国晚了一些 ······ 133
　　　3.1.4　连创佳绩，苏联人第一个坐飞船上了天 ·············· 135
　　　3.1.5　不甘示弱，苏联也有了反卫星武器 ·················· 138
　　　3.1.6　中途折戟，苏联人最终还是没能在月亮上行走 ········ 141
　　　3.1.7　主打反卫，苏联也有一个"星球大战"计划 ············ 144
　3.2　军事航天的继承与稳定 ································· 149
　　　3.2.1　实践出真知，太空作战理论开始形成并逐步完善 ······ 149

3.2.2 重视军事航天力量，组建航天部队 ·········· 153
3.3 军事航天的运用与完善 ·········· 155
3.3.1 第二次车臣战争，军事航天初露锋芒 ·········· 155
3.3.2 俄格战争，天基信息支援下的精确打击 ·········· 157
3.3.3 乌克兰危机，俄罗斯对美国太空反制 ·········· 158
3.3.4 雷霆怒击，打击叙利亚境内的"伊斯兰国"军事行动 ·········· 159
3.4 军事航天的振兴与强化 ·········· 162
3.4.1 重振国威，努力恢复各类卫星在轨运行 ·········· 162
3.4.2 强化战略导弹防御能力 ·········· 167
3.4.3 太空作战试验动作频频 ·········· 170
参考文献 ·········· 171

第 4 章 欧洲军事航天发展 ·········· 173

4.1 法国，主张欧洲航天自主的北约国家 ·········· 174
4.2 英国，期望成为航天大国 ·········· 182
4.3 德国，世界航天科技的发源地 ·········· 186
4.4 欧洲其他国家，有分有合、信息共享 ·········· 189
参考文献 ·········· 190

第 5 章 其他主要国家军事航天发展 ·········· 192

5.1 日本，寓军于民，野心勃勃 ·········· 192
5.2 印度，后起之秀，大国梦想 ·········· 199
5.3 以色列，深藏不露，一鸣惊人 ·········· 206
5.4 伊朗，自主研发，突出重围 ·········· 208
5.5 朝鲜，火箭发射成功，卫星应用能力有限 ·········· 209
5.6 韩国，火箭发射一波三折，遥感卫星国际先进 ·········· 211
5.7 巴西，广泛开展国际合作，卫星应用成效显著 ·········· 215
5.8 加拿大，与美军紧密协作，太空监视能力突出 ·········· 216
5.9 澳大利亚，机构先行，成立太空司令部 ·········· 219
5.10 乌克兰，鼓励商业航天 ·········· 220
5.11 其他国家，具备不同程度的军事航天能力 ·········· 220
参考文献 ·········· 221

后记

第1章

绪　论

2019年8月和12月,美军先后正式成立了第11个联合司令部——太空司令部和第6个军种——天军（space forces，也译作太空军），这是美国继首先公开将太空视为陆海空之后第4大物理作战域后作战体系的改革实践，是为"确保不受限制自由地进出、利用太空，在和平和全谱冲突时期为联合部队提供至关重要能力"而做出的重大改革，更是美国应对新时期太空安全态势变化而做出的战略抉择。法国、英国、德国、日本、澳大利亚、韩国、加拿大等国家纷纷效仿，组建太空司令部，扩大军事航天力量规模、加快军事航天装备发展，开展太空军事演习，确保为现代信息化战争提供持续的太空信息支援，更为未来潜在可能的太空域博弈对抗厉兵秣马。

军事航天的概念是随着航天技术在军事领域逐步应用而产生的，20世纪90年代通过海湾战争开始登上战争舞台。但与传统的陆上、海上、空中力量相比，军事航天力量还较为弱小，作战运用还不成熟，人们对军事航天的认识还有待深入。作为一种新型作战力量，随着太空开发利用走进现实及其随之而来的巨大利益，从21世纪20年代开始，军事航天力量也将逐步从现代战争的配角变成未来战争的主角，并显现出左右大国竞争走向乃至胜负的决定性作用。

1.1 航　　天

"航天"一词最早由我国导弹航天事业奠基人钱学森提出,《现代汉语词典》将"航天"释义为：人造地球卫星、宇宙飞船等在地球附近空间或太阳系空间飞行。普遍认为,"航天"也可以泛指人类进出太空、利用太空、控制太空等涉及太空的各类活动。与"航天"同义的词为"太空",太空就是地球大气层以外的虚空区域,也就是我们常说的"天空"这个词中"天"的范围,而"天空"这个词中"空"的范围指的是地球大气层以内的地方。按照大气层的上边界为限,可以把天空分为两个部分,大气层以内的部分称为空,而大气层以外的部分就称为太空,或者叫外空,人们更习惯称它为太空。我们经常提到的卫星、飞船、航天飞机、空间站等这些航天器就运行在太空这个区域；而我们平常所说的飞机,只能在"空"这个区域飞行,而且是在"空"的底层部分。

关于太空从哪里开始,到目前为止也没有一个被普遍认可的精确定义,甚至有些定义还有一些其他的考虑。比如说,美国航空航天局（NASA）或是美国空军就曾把太空的边界划得比较低,他们把距离地面 92.6km 以上的太空都称为太空。为什么会这样呢？因为如此一来,美国 X-15 的飞行员和美国水星计划中的亚轨道飞行员就可以被称为宇航员了,就能够获得进入太空的殊荣。如果是从应用的角度看,太空的最低边界应该是卫星能够运行的最低高度,也就是说,一颗卫星进入太空以后,在不给它任何推力的情况下,它至少能够在这个高度上停留一到两天的时间。通过计算,发现大约 130km 以上的高度才会发生这种情况。但是,按照国际航空联合会的定义,大气层的边界一般认为是在距离地面 100~110km 的地方。本书采用国际航空联合会的定义,以距离 100km 为太空的下边界,这也是美国新近成立的太空司令部关于太空域责任区的划分范围。

上面说的都是关于太空的下边界,那么,太空的上边界在哪里呢？其实太空没有上界,我们人类目前也不知道太空有多大,根据宇宙大爆炸和演化理论,太空是有限的但没有边界也没有中心。理论上讲,卫星最远可以发送到 90 万 km 的高度,这个区域被称为地球空间,这是地球引力场的极限,超过地月距离的两倍,而月球则曾经是地球唯一的卫星。距地球表面 90 万 km 以外的空间被称为行星际空间。图 1-1 为空间的不同层次。

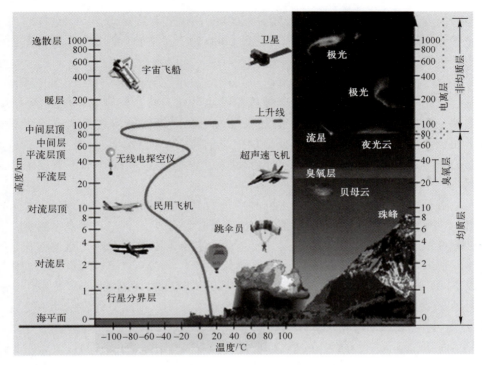

图 1-1 空间的不同层次

　　从航天技术发展趋势来看，在当前及今后相当长的一个时期内，航天器的运行范围将主要在地球同步轨道以内的空间。航天器的质心在太空的运动轨迹称为航天器的轨道，包括发射轨道、运行轨道和返回轨道。在运行轨道上，航天器基本上按照天体力学的规律运动，作无动力的惯性飞行。航天器运行轨道类型有低轨道、极轨道、中轨道、高椭圆轨道、地球同步轨道和地球静止轨道等。航天器根据任务需要选择不同的运行轨道。低地球轨道从距离地球 100km 向上延伸至 2000km 处，与地球距离较近，特别适合于地球观测卫星、载人航天飞机和空间站。中地球轨道范围从 2000km 高空处延伸至 35000km，GPS、格洛纳斯、北斗等导航卫星就在这一轨道高度。高度越低，其相对地球运行速度就越快，低地球轨道卫星每天环绕地球运行 14～16 圈，而高地球轨道卫星每天环绕地球运行 2～14 圈。高地球轨道在 35000km 以上，卫星在此处运行时每天环绕不足一圈。如果一颗卫星的轨道周期正好和地球自转周期一致，那么这颗卫星就可认为是地球的同步卫星，看上去就像是固定在地球上方的某一位置处。最后，以近椭圆轨道运行的卫星并不是处在相同的高度上，而是从距离地球 250～4000km 高度上环绕地球运动，这样它就能够看到地球的两极范围。今天有超过 5000 颗卫星在轨运行，大多数都是低地球轨道卫星和同步卫星。

太空没有主权范围，航天器可以自由地飞越任何国家领空之上的空间，具有自由飞越、全球进入、全球覆盖等特点。航天器在轨道运行的一天中，大部分时间内都能够获取地面信息或者为地面提供信息，对于地球同步卫星而言，更是具有全天候获取或提供信息的特点。同时，航天器一旦入轨，它们就会永不停息地沿着一条可预测的轨道运行，很少或几乎不需要消耗燃料。

由于学科的不同以及中国大陆和港澳台等地区认识和实践的差异，"太空""空间""外层空间"三个名词都得到了广泛使用，而三者要表达的意义实际是相同的，即"地球稠密大气层之外的宇宙范围"。"空间"一词指代地球稠密大气层之外的宇宙范围，无法避免语义上与战争空间、战役空间、作战空间、网络电磁空间、信息空间等"空间"的混淆。相比而言，"太空"一词具有唯一的指代性，含义明确、不存在任何歧义，相比"外层空间"更为直接，同时也已经得到十分广泛的使用。

而从"航天""太空"的概念可知，当用作定语构成组合词时，"太空"强调的是所在的领域，"航天"则强调从事的活动，二者主要是角度不同。在大多数情况下二者也可以混用，例如，太空部队和航天部队、太空司令部和航天司令部、太空装备和航天装备等，表达意思相同。但是在一些情况下就不能混用，例如太空战争和航天战争、商业太空和商业航天等，太空战争、商业航天更符合中文表述习惯。

1.2 军事航天

根据航天活动主体性质划分，航天可以分为军事航天、商业航天和民用航天。相对于商业航天和民用航天，军事航天是指由军方以军事应用为目的开展的航天活动，也就是使用航天器在外层空间进行的具有军事目的的活动。

军事航天活动按活动主体，可分为军用航天器在太空的活动、航天员在太空的活动、地面人员的航天活动。军用航天器在太空的活动包括航天侦察、目标监视、导弹预警、卫星通信、数据中继、测地、导航定位、气象观测、太空监视等军事航天活动。航天员在太空的活动包括太空科学试验、对地侦察与目标监视、航天器在轨管理维护等。地面人员的航天活动包括对航天器的地面测试、发射、测量控制，实施航天器在轨军事活动的远程指挥控制，在航天器完成太空军事任务以后，按照要求实施对航天器返回的控制、航天器或有效载荷的回收等。

军事航天活动按军事任务，可分为进入太空的活动、利用太空的活动、控制太空的活动。进入太空是指从陆地、海洋、空中，采取正常、应急、机动等方式，将航天器送入太空的活动。利用太空是指利用天体力学原理，充分发挥航天器在太空的地理优势，为太空和地面的各种军事活动提供信息支援，进行太空军事科学研究。控制太空是指在进入太空、利用太空的基础上，发挥己方太空优势，限制或削弱敌方太空能力，以达成己方军事活动目的，保障己方的军事利益、经济利益和国家利益。

1.3 军事航天地位作用

在军事上，太空被称为"最终的高地"。太空使人们具有一种观察能力，它是"上帝的眼睛"，使用这种眼力，可以看到并了解更多的信息，并基于知识，保留控制与打击对手的自由。

军事航天作为一种新型作战力量，具有战略地位突出、战场空间复杂、技术体系先进、作战运用特殊、军民融合紧密等显著特点。由于其独特的感知太空、进出太空、利用太空和控制太空的优势，已经成为维护国家安全和发展利益，推动国家经济科技社会发展，提升军事实力和联合作战能力的重要力量。

1. 维护国家安全和发展利益

太空活动与国家战略利益紧密相关，集中体现国家政治、经济、科技实力和综合竞争力，太空优势始终是大国地位的象征。苏联发射第一颗人造卫星，美国的"阿波罗"登月计划，都对本国国际地位和威望的提高发挥了极其重要的作用。发展航天，特别是军事航天，对于巩固和提高国家在世界政治、经济、外交舞台的影响力具有重要作用。同时，随着各国对太空的依赖性越来越强，太空安全隐患或遭到破坏带来的损失和影响也越来越大。发展军事航天，维护太空安全，保障太空资源的开发利用，已成为当前国家安全新的发展重点和维护国家安全的战略制高点。

2. 推动国家经济科技社会发展

发展军事航天，与国家经济发展、科技创新、社会进步和综合国力的提升密切相关。军事航天随着航天技术的发展而不断壮大，同时也推动着航天技术的发展。随着航天技术的发展和应用，航天产业已成为重要信息产业，是全球经济最有活力和最具创新性的产业之一，已成为新的经济增长点。美国航天基金会发布报告显示，全球航天经济总量从 2016 年的 3353 亿美元增至 2020 年的 4470 亿美元，商业航天产品与服务收入为 2194.4 亿美元，占比 49.1%。未来，航天产业将发展成为太空大国的支柱产业，并牵引、推动各行业和领域的发展，大大提高国家经济竞争力。军事航天的发展推动了基础科学与应用技术的发展，为科技创新提供了优越的条件和先进的研究手段，军事航天的成果已逐步渗透到社会活动的各个方面，通过军事航天系统或其成果转化的对地观测、通信、导航、气象预报、精确计时等活动，极大地方便了广大人民群众的日常生活，并推动了天文学、天体物理学、微重力物理学、空间生物学和空间医学等学科领域发展。

3. 提升军事实力和联合作战能力

当前，在世界军事领域已兴起一场以信息化、智能化为核心的新军事变革。发展军事航天，是推进新军事变革的必然选择，是提升军事实力的有效手段。军事航天力量通过提供侦察预警、导航通信等信息服务，提高了战争信息化程度，使战争形态发生了巨大变化，使得"非接触""非线式"等信息化作战样式得以实现，直接催生了新的作战理论，如制天权理论、太空威慑理论、太空攻防作战理论等，引起了武装力量结构和编制的调整和改革。太空技术的发展和太空系统的利用，带动整个军队信息化建设，加快实现陆、海、空、天信息系统融合，跨越式提升军队信息支援保障和诸军兵种联合作战能力。军事航天已经成为一体化联合作战的"黏合剂"和提高军事力量效能的"倍增器"，在构建陆海空天一体化战场信息网络方面发挥着核心和纽带作用。

1.4 军事航天技术

军事航天技术是航天技术的最重要分支。航天技术一般指进入、探索、开发、利用太空及地外天体的综合性工程技术，总体上可以分为航天发射技术、航天器技术及航天测控技术三大类。军事航天技术是航天技术的主要分支，具有军事应用目的，主要用于研发、建造、运行、维护各类型军事航天系统，是军队太空作战能力生成的基础条件。

航天技术源起于俄国。世界公认的航天之父"康斯坦丁·齐奥尔科夫斯基"于 1896 年开始系统从事喷气推进理论研究，1898 年首次发表论文《利用喷气工具研究宇宙空间》，系统阐述了火箭与航天的理论知识，但是直到 1903 年发表在《科学评论》杂志才真正引起全世界的重视。

军事航天技术萌芽于德国。德国从 20 世纪 20 年代末期开始研制液体火箭，30 年代开始由德国陆军武器装备部领导开发，1942 年首次试射燃烧时间 68s、推力 245kN、载弹 1000kg 的 V-2 飞弹（也称 A-4 火箭），未携带制导系统，能够打到伦敦，一度被视为决定战争成败的解决办法。V-2 飞弹采用垂直发射时，最大飞行高度能够达到 172km，进入到大气层外空间。德国原计划于 1945 年发射几枚携带专用仪器的 V-2 火箭进入太空，但由于军事上的迅速失利导致该计划没有完成。

军事航天技术成熟于美国和苏联。第二次世界大战结束后，美国和苏联分别获得了德国大量的航天工程技术人员以及相关设施设备、技术资料等，从而大大加速了本国军事航天技术的发展。冷战时期，美国和苏联两个超级大国为了追求霸权，围绕太空技术优势展开了激烈竞争，苏联于 1957 年率先发射人造地球卫星"斯普特尼克 1 号"，美国军方紧随其后于 1958 年发射首颗卫星"探险者 1 号"，双方均意识到军事航天技术的潜在军事价值，都在追求最快、最高、最远。直到 20 世纪 90 年代海湾战争爆发，提前进入太空的航天器第一次真正展现出巨大的"力量倍增器"的作用。

军事航天技术发展到现在，已经深刻改变了传统战争模式，并且其衍生出的商业价值、社会价值、经济价值远远超出普通人的想象，使得人类生活再也不能离开太空，使得现代战争再也不能离开太空。而且，随着太空对抗技术装备的不断成熟，远在距离地球表面上百千米到 36000km 的航天器已经不再享有天然的不被攻击的优势，太空域也就不可避免被美国等西方国家列为继陆、海、空之后的第四大物理作战域。

1.4.1 军事航天器技术

航天器，是指在地球大气层以外的宇宙空间，按照天体力学的规律在太空运行，执行探索、开发、利用太空和天体等特定任务的各类飞行器的总称，也可称卫星、太空飞船、太空飞行器等。军事航天器是指以由军方拥有或用作军事用途的航天器，其他还有民用航天器和商业航天器。航天器使人类的活动范围从地球大气层内延伸到太空，对人类的政治、经济、军事、科技、文化、社会等的发展产生重大影响。从技术上讲，军事航天器与民用、商业航天器没有本质的区别，例如民商用的通信卫星也可以传输军事数据，民商用的成像卫星也可用于拍摄战场情况并向军方提供服务，2022年2月爆发的俄乌冲突已经证明民商卫星乐意参与其中，并不避讳公开支持军事作战。

1.4.1.1 航天器基础

截至目前，人类向太空发射了上万颗航天器。得益于各国航天领域政策的支持、微小卫星技术的成熟以及火箭运输成本的降低，人类近五年来发射的航天器数量占到自1957年苏联发射第一颗人造地球卫星"斯普特尼克1号"以来航天器发射总量的几乎一半，而且这个数量还在快速增长。

航天器在地面人类的遥控和航天器自身程序的自动控制下，利用各种天体引力场作用按照天体力学的规律在太空中飞行，根据其运动方式的不同主要分为三种：①环绕地球飞行的航天器，环绕速度需要达到7.9km/s的第一宇宙速度，类型多样，数量庞大，应用最广，也是人类发射得最多的航天器。②飞往月球或其他天体的航天器（包括环绕天体运行、从近旁飞过或在其上着陆），需要达到脱离地球引力场的11.2km/s的第二宇宙速度，也称空间探测器或深空探测器，例如探月航天器、探火航天器、探小行星航天器等，当前主要用作科学探索。③星系际航天器，至少需要达到脱离太阳系引力束缚的16.6km/s的第三宇宙速度，截至目前只有美国1977年发射的"旅行者1号"和"旅行者2号"航天器已经飞出太阳系进入到星际空间，前者在2021年11月距离地球230亿km，也主要用作太空科学探索。

环绕地球飞行的航天器作为人类发射数量最多、用途最广的航天器，也可以按照其构造及用途分为四种：①人造地球卫星，指环绕地球飞行并在太空轨道运行一圈以上的无人航天器，简称卫星，轨道一般是以地心为焦点的椭圆，一般距离地面100km以上至36000km左右。②空间站，指可供航天员生活和工作、能长期在轨运行并无须返回的载人航天器，一般运行在距离地球表面400km的近圆形轨道上，目前只有国际空间站和我国的天宫二号空间站在轨运行。③宇宙飞船，指一种运送航天员、货物到达太空并能够安全返回的一次性使用的航天器，根据载人与否，可以分为载人飞船和货运飞船，核心技术是能够再入返回大气层并成功着陆技术。④航天飞机，指往返于近地轨道和地面间、垂直起飞、靠机翼滑翔水平着陆、可部分重复使用的运载工具，航天飞机集火箭、卫星和飞机的技术特点于一身，既能像火箭那样垂直起飞进入太空，又能像卫星那样在太空轨道飞行，还能在再入大气层后像飞机那样滑翔着陆，是一种技术先进、成本高昂、多用途、兼具航空和航天特性的飞行器，但由于成本高昂，美国"亚特兰蒂斯号"航天飞机2011年退出服役后，目前世界上已不再有航天飞机。

卫星按照其用途不同还可以进一步分为三类：①科学卫星，指用于科学探测和研究的卫星，主要包括空间物理探测卫星和天文卫星，用来研究高层大气、地球辐射带、地球磁层、宇宙射线、暗物质等，还可以观测其他星体。②应用卫星，指是直接为国民经济和军事服务的人造卫星，按用途分为通信卫星、气象卫星、侦察卫星、导航卫星、测绘卫星、资源卫星、预警卫星、海洋监视卫星等。③技术试验卫星，指以新原理、新材料、新设备、新平台等航天技术试验为主要目的的卫星，一般来说某型卫星批量发射前均要进行技术试验以验证其技术可行性、可靠性，发现需要改进的地方。目前的军事航天器绝大多数属于应用卫星。

卫星按照其重量或尺寸不同可以分为若干个等级，美国联邦航空局2018年发布的《商业航天运输年报》按照重量将卫星分为11个等级，具体为：不到0.1kg的飞（femto）卫星、0.09~1kg的皮（pico）卫星、1.1~10kg的纳（nano）卫星、11~200kg的微型（micro）卫星、201~600kg的迷你型（mini）卫星、601~1200kg的小型（small）卫星、1201~2500kg的中型（medium）卫星、2501~4200kg的中级（intermediate）卫星、4201~5400kg的大型（large）卫星、5401~7000kg的重型（heavy）卫星，以及超过7000kg的超重型（extra heavy）卫星。

1.4.1.2 航天器的构成

这里以最为普遍的人造地球卫星为例讨论航天器的构成，而空间站、宇宙飞船和航天飞机这三类航天器构成基本原理相同，但由于其需要载人、往返大气层等特殊要求，导致构成更为复杂，这里不作进一步的讨论。

1. **一般构成**

从系统构成的角度来看，卫星一般包括有效载荷系统、通信系统、电源系统、星载计算机、推进系统、姿态稳定与控制系统、机械结构系统、热控制系统等8个方面。

（1）有效载荷系统，决定了卫星的功能、用途、能力，也是卫星建造、发射、运行的根本目的，因此有效载荷也决定着卫星的功率、重量、姿态控制方式等，几乎影响着卫星的一切。通信卫星的有效载荷是转发器，其作为接收机、放大器和发射机发挥作用；气象卫星的最重要的有效载荷是辐射计；

遥感卫星的有效载荷是高分辨率相机、多光谱扫描仪或 SAR 雷达；技术试验卫星的有效载荷取决于任务，包括望远镜、光谱仪、等离子体探测器等。

（2）通信系统，一般包括收发器、天线、放大器等组件，主要用于与地面或其他卫星建立通信联系，进而使人们能够掌握卫星的运行和工作状态，也是卫星实现有效载荷效用的必要手段。例如，人们控制卫星拍摄照片的指令必须上行至卫星的通信天线才能被卫星接收，而成像载荷根据指令拍摄的照片数据也必须经由通信天线才能下行至地面站被人们使用。通信子系统如果发生故障，人们将会失去卫星的一切。其中，天线作为最关键的组件主要有 4 种类型：①反射器天线，优点是增益高、方向性好；②螺旋天线，具有宽带特性，还能产生圆极化波，常用作宽带甚高频（VHF）和超高频（UHF）天线；③相控阵天线，辐射波束可以实现电子转向而无须天线结构的物理移动；④透镜天线，形状类似于凸透镜，利用波的折射原理，可发射出平行的直射波束。

（3）电源系统，主要负责确保卫星的有效载荷、通信、姿态稳定与控制系统等工作所需的稳定电力供应，确保太阳能电池阵列能够正常将太阳能转化为电能，并将其存储在电池中，并按需提供给各系统使用。

（4）星载计算机，作为卫星的"大脑"，负责控制卫星各系统的工作调度，处理卫星寿命期间的各项决策，并提供和管理卫星上的数据存储功能。星载计算机也是当下人工智能技术应用的重点、热点领域，随着卫星数量的迅速增长，人们期望卫星在轨就可以"有意识地"处理、分发数据，从而提高数据利用效率。

（5）推进系统，用于提供推力来改变卫星必要的运行速度，进而维持或改变卫星的运行轨道。根据推进剂类型和推力产生的机理，在用的推进系统包括固体燃料推进、液体燃料推进、电推进和离子推进四类。固体和液体燃料推进系统一般能够产生 $10\sim10^6$N 量级的推力和 200～400s 的比冲量。电推进系统，包括 ARCJET 推进器、脉冲等离子体推进器（PPT）、霍尔推进器三种，主要使用电力来提供大部分推力，产生推力比较小，比冲量可达到 500～1600s。离子推进系统通过在高强度电场中加速离子化元素（如氙）气体的等离子体来产生推力，推力量级为 10^{-3}N，但比冲量能够达到 3000～5000s。新型的电和离子推进系统的优势在于比冲量大、重量低、工作寿命长，缺陷在于推力太小，不利于需要大推力的卫星。当前主要国家正在大力发展的热核动力推进系统，热核推进可实现类似于化学推进的高推力低重量，同时效率能达到化学推进的 2～5 倍。

（6）姿态稳定与控制系统，主要用于卫星在轨道上工作时确保卫星能够指向应该指向的方向。有效载荷工作时对卫星姿态都有一定的要求，例如，气象卫星要求星体快速旋转，使得卫星上的气象观测仪器能够不停地对地球扫描，获取云图；通信卫星要求转发天线始终朝向地面的接收地点；天文卫星则要求姿态保持高度稳定，以便对选定的星球拍摄高质量的照片，同时又能够改变姿态，便于对多个目标进行观测。姿态稳定与控制系统主要有自旋稳定、重力梯度稳定和三轴稳定三种控制方式，一般通过姿态敏感器感知卫星自身的姿态，利用姿态稳定机构在控制算法的作用下确保卫星自身的姿态稳定。

（7）机械结构系统，主要是卫星各个受力和支承构件的总称，作用是安装、连接各种仪器设备和动力装置，满足各自所需要的环境要求，承受集成发射、火箭分离等过程中受到的外力，保证卫星的完整性。

（8）热控制系统，同时提供热量管理，确保卫星在轨道上面对恶劣的太空环境能够保证各系统能够在合适的温度下工作。

2. 制造构成

随着航天技术的发展和普及，人们研制和生产航天器往往不会从零开始，而是采用"有效载荷+卫星平台"的模式来研制和制造航天器，类似于车辆生产的"汽车平台+"模式，现在汽车厂商开发新的汽车一般基于某型包含了底盘、车身结构、电气系统和各种零配件的汽车平台，来提供标准化接口，再安装上发动机、变速箱和车身等部件，就可以组成一辆汽车，从而大大加快新产品研发进度、降低生产成本。现在，卫星的研制生产也采用同样的模式，卫星平台集成了通信系统、电源系统、推进系统、姿态稳定与控制系统、机械结构系统、热控制系统等卫星常用的子系统，仅需要再进一步集成不同的有效载荷，就可以生产出不同用途的卫星。

美国洛克希德·马丁公司的 A2100 系列卫星平台是世界上最成功、发射次数最多的卫星平台之一。为满足 21 世纪通信卫星的需求，洛克希德·马丁公司于 20 世纪 90 年代初开始研制新一代通信卫星平台——A2100，并在 1996 年进行飞行验证，此后随着技术的进步，不断融入新的技术，例如霍尔效应推力器、锂离子电池、多结砷化镓太阳能电池等技术，逐步提高了卫星平台的性能，针对不同的应用形成了卫星平台系列，包括 A2100A、A2100AX、A2100AXS 和 A2100M 等。截至 2022 年年底，采用 A2100 系列卫星平台发射的卫星数量已超过 80 颗，广泛应用于军事、民用和商业领域。A2100 卫星平台基本参数如表 1-1 所列。

表 1-1 A2100 卫星平台基本参数

参数	指标
尺寸	2.3m×2.3m×2.4m
太阳能电池翼展	26m
发射包络	2.7m×3.7m×4.7m
寿命初期功率	5.7～15kW
寿命末期功率	5.0～13.5kW
发射质量	2000～4700kg
入轨质量	1100～2580kg
推力器推力	MR-106：26.7N，肼 MR-510：0.4～0.44N，肼
电推进功率	电弧推力器：2.5kW 双模式霍尔效应推力器：4.5kW
远地点发动机推力	490N

A2100A 卫星平台是 A2100 的缩减版本，平台功率为 1～4kW，质量和能力有所降低。采用该平台发射的卫星数量为 22 颗，其中典型卫星是美国 2022 年 3 月发射的 GOES-18 气象卫星，设计寿命 15 年，发射质量约 5.2t，配备 6 台仪器，可提供可见光与红外图像、闪电测绘、太空天气监测和太阳成像等功能，主要用于保障 2036 年前美国东西海岸的气候观测。

A2100AX 卫星平台的功率为 6～12kW，最大发射质量为 4700kg。采用该平台发射的卫星数量为 10 颗，其中典型卫星有"尼米克-1、2"（Nimiq-1、2）卫星，质量为 3600kg，设计寿命 12 年，配备高性能的 Ku、Ka 频段，装有 32 台 24MHz 的 Ku 频段转发器，配备 120W 功率放大器。但该平台在 2002 年以后不再使用。

A2100AXS 卫星平台是 A2100AX 的增强型，可提供 7.5～12kW 的功率，最大发射质量 6000kg。采用该平台发射的卫星数量为 13 颗，其中典型卫星是"新天空卫星-6"（NSS-6），发射质量为 4575kg，设计寿命 14 年，采用 Ku 频段通信，同时支持 Ka 频段上行传输，可以提供高速、全交互式的互联网接入和其他多媒体通信业务。

A2100M 卫星平台采用了抗辐射加固等安全保护措施，主要用于军用卫星，如"先进极高频"（AEHF）、"移动用户目标系统"（MUOS）、"天基红外系统"（SBIRS-GEO）、"全球定位系统"（GPS）三代卫星。采用该平台发射的卫星数量为 27 颗。2022 年 8 月发射的 SBIRS GEO-6 卫星采用洛克希德·马丁公司的 LM2100 平台（A2100M 平台的现代化版本），具备更强的网络和弹性能力，并装备改进的推进器和电子装置；配备 2 个红外传感器，可探测来自导弹尾气的热羽流，提供全球导弹发射数据；能提供全天候的关键能力来探测、跟踪并防御弹道导弹和高超声速导弹威胁；预计使用寿命 12 年。

1.4.1.3 典型的军事航天器

军事航天器按照搭载的有效载荷及其用途的不同一般可以分为航天侦察、导弹预警、通信中继、导航定位、太空攻防等类别。必须强调的是，非军事的商业或民用航天器，也具有航天侦察、卫星通信能力，但往往不具备卫星导航、导弹预警、太空攻防等军事特性更为明显的能力。

1. 航天侦察类

航天侦察是指利用航天器携带的光电磁热等各种遥感设备对地面、海上、空中和太空目标遂行侦察和监视的军事活动。航天侦察是随着现代科学技术的发展而发展起来的，集现代高技术、新技术于一体，活动于人类的第四环境——太空，突破了陆海空等传统侦察的时空限制，具有空间上的全域性、时间上的全天时、气象上的全天候覆盖能力，可以对分布在陆海空天的各种军事目标、设施及其环境进行侦察和探测，因而，受到世界各国最高领导层、军事决策机关和各级部队的重视和青睐，并得到了长足的发展。航天侦察卫星已从最初的单一照相侦察发展到多种遥感设备的侦察，从最初的针对地面固定目标的侦察发展到针对陆海空天各类型目标的侦察。

侦察卫星也是最早发展起来的军事航天器。1959 年 2 月 28 日美国发射了第一颗"发现者"试验型照相侦察卫星，1962 年 4 月 26 日苏联也发射了"宇宙-4"照相侦察卫星，从此揭开了航天侦察的序幕。此后，航天侦察一直以来被视为相关主要国家战略侦察手段，美国就专门组建了国家侦察局，统一负责建设、运营国家战略航天侦察力量。

遥感设备是侦察卫星的关键有效载荷，按照感知电磁频谱波长的不同大致可以区分为 6 种：①可见光成像侦察设备，有可见光侦察照相机（全景式相机、画幅式相机、航线式相机）、电视摄像机等，波长范围在 $0.4\sim0.76\mu m$ 之间，优点是技术成熟、分辨率高，所获影像真实、直观、清晰，易于判读和处理，缺点是受天候条件影响较大，在夜间、阴雨天、有云雾的情况下都不宜工作。②红外侦察设备，有红外照相机、红外扫描仪和其他红外探测器等，波长范围在 $0.76\sim1.3\mu m$ 之间，具有夜间侦察和揭示伪装的能力。③多光谱侦察设备，有多光谱照相机和多光谱扫描仪等，波长范围较宽，可以从可见光到红外，也可以从可见光到紫外，采用多光谱成像，经不同谱段的影像合成，可以揭示部分伪装。④微波成像侦察设备，有合成孔径雷达（SAR）、微波辐射计等，利用卫星与侦察目标的相对运动，把卫星上尺寸较小的天线孔径用数据处理方法合成为较大的天线孔径，获取目标影像信息，具有全天时、全天候侦察能力，对动态目标的侦察探测能力，对植被、土壤和海洋也有一定的穿透能力，分辨率与探测距离无关；微波辐射计，则是接收和记录被侦察目标微波辐射能量的遥感器。⑤电子侦察设备，有用于接收通信信号和雷达信号等的无线电接收设备，测定电台和雷达位置的无线电侦收设备。⑥专门用于探测核爆炸产生的 X 射线、γ 射线探测仪等。

1）成像侦察卫星

成像侦察卫星，主要指以可见光成像、雷达成像等侦察设备作为成像手段，获取影像情报的侦察卫星。基本的工作原理和工作过程是：星上成像侦察设备在轨道飞行时探测、接收地面目标辐射、反射的电磁波信息，记录、存储到信息载体上，经由中继卫星实时传输或途经可用地面站上方时按计划将影像信息传输到地面，经过地面应用处理系统进行技术处理和情报分析，从中获取情报。最开始的成像侦察卫星由于不具备无线通信传输能力，在完成侦察任务后，还需要将装有信息载体的再入舱（或整个卫星）回收，再进行分析处理。

衡量成像侦察卫星性能的主要指标是分辨率、覆盖范围、工作寿命。分辨率，主要是由星上侦察设备的性能决定的，已由初期的米级提高到了现在接近极限分辨率的厘米级，当分辨率优于 1m 时，就可以分清坦克、装甲车、导弹运输车等机动目标。覆盖范围，有两层含义：一方面可指卫星侦察相对地球表面的侦察能力，一般来说卫星侦察全球覆盖无盲区，任何地点都能覆盖到；另一方面也可指卫星成像的视场，这与卫星的运行轨道高度和分辨率有关，一般来说对于同一卫星分辨率越大，视场越小，也就是一次成像仅能获取有限面积的详细图像，而分辨率越小，视场越大，也就是一次成像能够获得广阔范围内的粗略图像，这也分别是卫星"详查"和"普查"工作模式。工作寿命，是指卫星能够按照设计指标完成预定工作的工作期限，一般与运行轨道高度、推进剂余量和侦察设备的性能有关，当推进剂消耗完毕、侦察设备性能下降较大时，一般就难以保证执行正常任务，工作寿命也就面临终结，而运行轨道越低的卫星往往需要更多的推进剂来进行轨道机动或保持，工作寿命会更短。

当前世界上最为著名的可见光成像侦察卫星应该是美国的"锁眼"(KH)系列侦察卫星,发展分为3代:第一代包括KH-1、KH-2、KH-3、KH-4、KH-5、KH-6卫星,大多采用黑白胶片相机,分辨率为米级。但是KH-5型卫星的分辨率为140m,属于普查型卫星;KH-6型卫星的分辨率达到0.3m,属于详查型卫星。第二代包括KH-7、KH-8、KH-9、KH-10(取消)卫星,侦察设备的性能获得较大提升,增加了多光谱扫描仪和红外扫描仪等设备,开始具备"普查"兼"详查"的特性,但情报传输方式仍是采用返回到地面的方式。第三代则是KH-11卫星,从1976年到2022年,发射了19颗,其中失败1颗(KH-11第7颗星),KH-11卫星开始采用光电传感器,工作在可见光和近红外谱段,属于传输型侦察卫星,主径2.4m,地面分辨率最高15cm,使用运行在大椭圆和地球静止轨道的"卫星数据系统"(SDS)中继卫星,进行侦察数据的实时传输。值得注意的是,KH-11卫星发展有5种型号,其中发射于1992—2013年的第3、4型卫星因为被称为"高级水晶",在新闻报道等场合常也被认为是 KH-12 卫星,但是根据美国国家侦察局已于2005年停止使用的拜曼(Byeman)编码加密系统的相关解密信息,KH-12卫星应该也叫作 KH-11卫星。时隔6年之后的2019年美国国家侦察局再次开始发射KH-11卫星的第17颗星,轨道倾角74°,不同于传统的KH-11卫星,有可能是全新型号。

当前世界上最为先进的雷达成像侦察卫星是美国的"未来成像体系-雷达"(FIA-Radar)卫星,1997年立项,首星于2010年发射,到2018年共发射5颗,主要用于取代"长曲棍球"雷达卫星。"长曲棍球"卫星重达14.5t,耗资50亿美元,共发射了5颗,有效载荷主要是合成孔径雷达,通过向地面发射微波,再收集反射回的微弱信号,就可以透过云层和黑夜观测地球。因为要向地面发射微波能量,所以雷达侦察成像卫星需要大量的能量,其巨大的太阳电池帆板展开长度接近50m,功率10~20kW,为了散发雷达发射机巨大的热量,卫星上装有一块大平板状的热辐射器。FIA-Radar卫星设计寿命6~8年,质量降低至6.5t,采用太阳同步轨道,工作在C、X频段,最高分辨率甚至可达10cm,轨道高度约为1100km,比"长曲棍球"雷达成像卫星高400~600km,宽视角成像时扫描带宽可达1000km。

2)电子侦察卫星

电子侦察卫星,亦称为信号情报卫星,主要用于侦收雷达、通信和武器遥测等系统所辐射的电磁信号,并测定辐射源地理位置的侦察卫星。其主要任务为:①收集电子信号情报(ELINT),包括导弹遥测信号和雷达信号的侦察，通过截获、分析无线电信号，获取工作频率、带宽、工作方式等重要技术参数，并可以确定雷达、舰艇、导弹等军事目标的位置。②收集通信信号情报（COMINT），通过截获、检测和监听无线电通信，测绘外军的"电子战斗序列"（EOB），即战时外军电子技术设备的作战编组以及指挥关系，通过破译获取通信内容。上述任务中，接收信号部分由卫星完成并传送到地面，分析、判断、破译等则由地面系统负责实施。

自1962年5月发射世界上第一颗电子侦察卫星以来，美国至今已发展了4代这种卫星，主要分布在地球静止轨道、地球同步轨道、大椭圆轨道和近地轨道。地球静止轨道上，20世纪70年代以来，先后发展了"流纹岩"（Rhyolite）、"大酒瓶"（Magnum）、"顾问"（Mentor）共3代；准地球静止轨道上，20世纪70年代以来，先后发展了"峡谷"（Canyon）、"旋涡"（Vortex）和"水星"（Mercury）共3代；大椭圆轨道上，先后发展了"折叠椅"（Jumpseat）和"号角"（Trumpet）共2代；近地轨道上，20世纪60年代以来，空军先后发展了"雪貂"（Ferret）系列，海军先后发展了"银河辐射背景"（GRAB）、"白云"（White Cloud）一代和二代系列卫星，双方于2000年开始发展"联合天基广域监视系统"（SB-WASS-Consolidated）系列卫星。

"顾问"，亦称为"高级猎户座"（Advanced Orion），是一种超大型静止轨道电子侦察卫星。美国分别从1995年到2020年共发射了8颗"顾问"卫星。该星采用大型网状接收天线，可截获、监听100MHz～20GHz频段范围的所有信号，包括微弱信号，主要用于截获导弹遥测信号、雷达信号、微波通信和无线电话等，以作为成像侦察的补充手段，提供政治、军事等信息，其数据比侦察图片潜在价值更高。

"水星"，亦称为"高级漩涡"（Advanced Vortex），是一种大型准地球静止轨道电子侦察卫星。该星采用直径约100m的军用特种天线，主要进行通信侦察，能够侦听到低功率手机通信，也可收集包括导弹试验的遥测信号及雷达信号等在内的非通信电子信号。美国于1994年、1996年成功发射2颗，第三颗1998年发射失败。"水星"迄今已工作近30年，可能或即将退役，美国未再发展下一代卫星，相关能力可能已由"顾问"卫星提供。

"号角"，又称"军号""喇叭"，亦称为"高级折叠椅"（Advanced Jumpseat），是一种运行在近地点360km、远地点36800km的大椭圆轨道电子侦察卫星。美国从1994—1997年先后发射3颗，从2006—2017年采用混合搭载的方式与"天基红外系统HEO"载荷共用卫星平台，发射了4颗。"号角"卫星由休斯公司制造，配备了EHF中继系统，装有复杂而精细、展开后面积相当于足球场大小的宽频带相控阵监听天线,能够同时监听上千个地面信号,包括地面、空中与海上舰队部队之间的通信,还可承担收集无线电通信(如手机)信号的任务。

"联合天基广域监视系统",也被称为"白云"三代或"海军海洋监视系统"(NOSS)三代,是一种运行在近地轨道的海洋监视卫星,采用先进的双星组网工作方式,轨道倾角63.5°,高度约1000km。美国从2001年到2022年共进行了9次发射,成功发射8组16颗"白云"三代卫星。2022年发射的2颗卫星可能用于替换即将退役的老旧卫星,但是商业太空态势感知数据显示,其中1颗卫星可能未成功分离。"联合天基广域监视系统",侦听频率500MHz~10GHz,具备X频段信号探测能力,相比前几代采用三星定位,由于改进了定位方法,仅需要2颗就能定位目标位置,卫星星座轨道高度越低,星间距离越大,对地面和海面目标的定位精度越高,不过轨道高度低,就意味着监听覆盖面小。据称美国的"白云"一代系统对海面目标的定位精度可达6km,第二代更是提高到3km,第三代定位精度可能达到2km。

3)核爆炸探测卫星

核爆炸探测卫星,装载探测核爆炸的各种遥感设备,用于探测地面、空中和太空的核爆炸。美国从1963—1970年年底共发射了6对12颗"维拉"(Vela)核爆炸探测卫星,轨道高度为9万~12万km,轨道倾角32°~40°,运行周期85~112h。作为首创的核爆探测平台,美国洛斯阿拉莫斯国家实验室(Los Alamos National Laboratory,LANL)为其研制了探测空间核爆炸的X射线、γ射线、中子、带电粒子与裂变产物的仪器,桑迪亚国家实验室(Sandia National Laboratory,SNL)研制了上述仪器的逻辑电子学和其他次系统。"维拉"卫星服役到1984年,此后,GPS、DSP卫星开始取代Vela卫星支持核爆探测任务。

需要注意的是,地下秘密核爆炸的探测不能依靠卫星,而主要依靠全球性的陆基国际地震监测系统网络。因为地下核爆炸现象学特点是,不可能在大气层形成可探测的核辐射、光辐射、冲击波与核电磁脉冲等信号,所以卫星核爆探测系统的相应探测器(接收器)不可能用来探测地下核爆炸。但是地下核试验前的准备阶段的地面活动,以及地下核试验后地貌变化,都可以利用成像卫星实施侦察,以作为地下核试验地震监测核查的重要辅助手段。

2. 导弹预警类

导弹预警卫星,是对陆基弹道导弹、潜射弹道导弹的发射实施探测、跟踪,并对其袭击提供预先警报的侦察卫星,有效载荷主要是红外探测器和摄像机，从本质上说也属于航天侦察类卫星，但是由于用途特殊，一般将其单独作为一个类别。当弹道导弹发射时，红外探测器首先探测到导弹尾焰的红外辐射，与此同时，带有望远镜头的摄像机对准相应空域，跟踪拍摄导弹飞行图像，并把所获得的数据传输到地面的导弹预警中心，计算飞行轨迹，预报落区和落点，然后发出导弹袭击警报，对陆基洲际弹道导弹可提供 25～30min 的预警时间，对潜射导弹可提供 15min 左右的预警时间。

美国现役导弹预警卫星主要是"天基红外系统"（SBIRS），分为 GEO 轨道和 HEO 轨道两种。SBIRS 高轨预警卫星相比 DSP 卫星，每颗卫星都装有 1 台高速宽视场扫描型短波红外捕获探测器（在热助推段观测明亮的导弹羽焰）和 1 台窄视场凝视多谱段（中波、中长波和长波红外及可见光）跟踪探测器（在中段和末段跟踪导弹）。SBIRS-GEO 卫星扫描型探测器扫描视场约 10°，利用摆镜南北线列扫描，2 帧实现相应地球表面覆盖，凝视型探测器视场 1°～2°，凝视型探测器对目标进行高分辨率成像、精确跟踪，获取详细信息。SBIRS-HEO 卫星远地点位于北半球上空，可长期观测北半球的情况，主要用于探测俄罗斯等高纬度地域的洲际导弹发射和北方水域的潜射导弹发射。

俄罗斯现役导弹预警卫星主要是 EKS 卫星，运行在 HEO 轨道。EKS 卫星由 Energia 公司研制，采用通用卫星平台，干重 1200kg，可承载 1000kg 的有效载荷，采用三轴稳定的姿态控制方法，除了液体燃料推进器，卫星还装有 4 对电推进器。主载荷为红外预警相机，具有宽视场覆盖能力，卫星设计寿命 10 年，从 2015—2021 年已发射 5 颗。

3. 通信中继类

通信中继类卫星，目前来说一般可区分为通信卫星、中继卫星和广播卫星三种。通信卫星主要完成地面用户之间的信息传输任务，用以满足超远距离的安全保密无线通信需求；中继卫星主要完成地面用户与天上其他卫星（例如侦察卫星）之间的信息传输任务，用以提高天基情报、预警等信息支援服务的时效性；广播卫星主要完成单点向广域播发信息任务，在民商领域应用广泛，卫星电视台即主要利用广播卫星播放节目，军事上可用以满足指挥中心向广域用户快速播发统一信息的需求。

利用射频（RF）链路传输信息类型主要有语音、视频和数据三种。通信链路处理三种类型的信号，即类似于在电话、无线电广播和电视广播的音频部分中产生的那些语音信号，频率范围小于人耳敏感频率范围 20Hz～20kHz，为了传输目的规定信号频率的上限为 3400Hz；从计算机到计算机通信中产生的数据信号，是各种各样信息服务的数字化版本，也是信息传输最常用的载体；在电视广播或视频会议中产生的视频信号，其频率范围取决于图像的像素。语音、数据或视频信号传输时被称为基带信号，发送时，基带信号需要先经过基带处理（例如，数字信号编码）转换成适于传输的形式，再通过调制高频载波使其适合在所选择的传输链路上传播。接收时，接收机端的解调器从接收到的调制信号中恢复出基带信号。

当前，卫星通信主要利用射频（RF）链路传输信息，但无论是星地链路还是星间链路，传输的基本上都是数据信号。基带数字信号的低频部分的功率大，可以方便地通过电线或同轴电缆传输，但同时由于相同的原因，不可能对基带信号进行有效的无线传输，因为这将需要非常大的天线。因此，基带数字信号要通过射频链路传输，首先需要调制成连续波高频载波，具体可用幅移键控（ASK）、频移键控（FSK）、相移键控（PSK）以及相关技术实现。卫星通信终端为了能够同时传输多条数据，还会采用多路复用技术。多路复用技术可将多个消息信号组合成单个复合信号同时确保不同消息信号不会彼此干扰，并且可以在接收机端方便地彼此分离，所使用的三种基本复用技术包括频分复用（FDM）、时分复用（TDM）和码分复用（CDM）。通信卫星能够同时支持成千上万用户访问给定的信息资源，其有效载荷是转发器。转发器提供通信信道，通过上行链路接收用户对卫星发射的信号，通过下行链路将信号转发给地球的预期用户。由于用户在地理上是分散的，必须使用多址接入技术让用户能够同时使用卫星，常用的多址接入技术包括频分多址（FDMA）、时分多址（TDMA）、码分多址（CDMA）和空分多址（SDMA）等几种。目前，人类也在大力发展卫星激光通信技术，例如，美国天军太空发展局正在大力推进"国防太空架构"研发，其传输层卫星之间的星间通信就会采用星间光学链路，不再采用射频链路传输信息，能够大大提高数据传输速率，以及安全性和抗干扰性。

1）通信卫星

美国现役军事通信卫星主要包括：①宽带全球通信卫星（WGS），主要工作在 X 和 Ka 频段；能覆盖 19 个独立区域，其中相控阵天线可同时产生 8 个 X 频段点波束，蝶形天线可产生 10 点 Ka 频段波束，此外还可产生 1 个 X 频段国土覆盖波束；WGS 1~7 星可产生 39 个 125MHz 的数字信道，WGS 8~10 星可产生 19 个 500MHz 的数字信道。②移动用户目标系统（MUOS）卫星，主要工作在超高频（UHF）频段；拥有 2 个第 3 代（3G）宽带码分多址（WCDMA）天线，可产生 16 个 WCDMA 波束，每个 WCDMA 波束的带宽为 4×5MHz，动中通能力最高为 384kb/s；拥有 1 个旧的 UHF 天线，采用 FDMA 通信技术，可产生 21 个间隔 5kHz 的信道，每个信道带宽为 17×25kHz。③先进极高频（AEHF）卫星，主要工作在 EHF（上行）、SHF（下行）频段，有低数据率（LDR）、中数据率（MDR）和扩展数据率（XDR）三种模式；拥有 1 个喇叭天线可产生 1 个国土覆盖波束，工作在 LDR（75~2400b/s）模式；拥有 6 个蝶形天线可产生 6 个驻留（dwelling）点波束，工作在 MDR（4.8~1544kb/s）和 XDR（8.192Mb/s）模式；拥有 2 个高增益天线可产生 2 个调零（nulling）点波束；拥有 2 个下行链路、1 个上行链路相控阵天线，可同时产生 24 个时分点波束、4 个捷变波束，工作在 LDR、MDR、XDR 模式；此外，还拥有 2 个星间链路天线，通信速率 60Mb/s，可与前后向的 AEHF 和"军事星"卫星进行星间通信。

2）中继卫星

美国现役军事中继卫星主要是卫星数据系统（SDS）卫星，由美国国家侦察局研发建造，主要为航天侦察卫星、导弹预警卫星等提供数据中继服务，还搭载有通信载荷，可为美国战略核潜艇提供通信支持，属于高度机密的卫星。截至目前，有 5 颗 SDS 三代卫星和 2 颗 SDS 二代卫星在轨，其中有 2 颗三代卫星工作在倾角约为 60°的大椭圆轨道，其他都工作在地球同步轨道。

3）广播卫星

美国现役军事广播卫星主要是连续广播增强卫星（CBAS），2018 年 4 月发射 1 颗，运行在地球静止轨道，主要用以增强现有的军事通信能力，利用天基卫星通信中继链路持续广播军事数据，为高级领导人和作战指挥官等提供通信中继能力。主要用于分发综合广播服务（IBS）信息，包括威胁规避、威胁告警、目标定位、机动、部队防护、目标跟踪、目标态势感知和指示与告警等在内的多种实时情报和信息。

4. 导航定位类

定位（positioning）是确定点位的地理经度、纬度和高程，对应位置信息服务；导航（navigation）是确定运动物体从一个地点到另一个地点的位置、速度和时间，对应路径信息服务；授时（timing）是指在全世界任何地方和用户定义的时间参量条件下从一个标准得到并保持精密和准确时间的能力，包括时间传递，对应时间信息服务。统一、精确、实时的时间和空间基准对现代信息社会和军事行动都至关重要。卫星导航定位是人类采用的诸多导航定位方式中的一种，在卫星导航定位出现之前，人类主要使用天文导航（观察日月星辰）、惯性导航（罗盘、陀螺仪、航海钟等）、无线电导航（雷

第1章 绪论

达测速仪、多普勒测距、陆基无线电信标、无线电指向信标等)方式进行导航定位。

卫星导航的工作原理是用户至少接收 4 颗导航卫星播发的信号,测量信号从卫星发出到用户接收之间的时差,再乘以信号的传播速度(光速),就可以得到卫星和用户之间的距离,由于导航卫星的位置已知,利用三边测量法自主完成用户位置的解算。

美国现役导航卫星是全球定位系统(GPS),目前在轨运行的主要有 GPS ⅡR(17 颗)、GPSⅡF(12 颗)和 GPSⅢ(5 颗),主要播发 L 频段(1~2GHz)导航信号,为美国及其盟友的军事用户提供高精度的加密 PNT 服务,为全球的民事用户等提供普通的 PNT 服务。此外,每颗 GPS 卫星还建立 3 条或 4 条 UHF 频段(GPSⅡ)和 Ka 频段(GPSⅢ)的星间链路,目的是实现导航星座的自主运行。基本原理是地面段为导航星座上载 180 天的预报星历,卫星存储预报星历并通过星间链路进行星间测距和交换数据以对星历进行校正,从而使导航星座在脱离地面段的情况下仍能在一段时间内继续提供精确的导航定位服务。此外,还可实现地面测控站点随时对任意包括不在可见视场范围内的 GPS 卫星的远程测控。

需要注意的是,所有的 GPS 卫星均载有核爆探测载荷。

5. 太空攻防类

太空攻防是当前军事航天一个极其重要的发展方向,主要包括 3 个内容:太空态势感知、太空攻击和太空防御。根据国际相关条约,当前太空中未有任何国家公开承认向太空发射、部署了太空攻防卫星,然而部分现役卫星可能具有相关作战能力。典型的有美国的 X-37B 空天飞行器、类 GSSAP 系列卫星、类 Eagle 系列卫星、类 Tetra 系列小卫星等。

X-37B 运行在低轨,机动能力强,可以携带多种载荷,携带激光器、机械臂等设备时可用来进行攻击。类 GSSAP 系列卫星运行在 GEO 轨道,机动能力强,带有光学和电子侦察载荷,可用来执行抵近查证、侦察任务。类 Eagle 系列卫星运行在 GEO 轨道,机动能力强,具有多种接口,既可通过搭载多颗小卫星进行在轨释放执行多样化任务,也可搭载机械臂等设备用来修复/破坏其他卫星。类 Tetra 系列小卫星,属于战术、技术和流程(TTP)卫星,具有高机动性,可在高、中、低多种轨道执行任务。

2022 年 11 月 2 日,美国天军第二任作战部长正式宣誓就职,在讲话中强调世界正变得越来越危险,保护美国在太空的国家安全利益每天都变得更为困难,天军需要变得更加弹性、提高战备水平,并胜任太空作战。可以预见的是，美国未来将会大力研发乃至部署太空攻防航天器，改变传统的天基信息支援角色，在联合作战中贡献天军的杀伤力。

▲ 1.4.2　军事航天发射技术

航天发射是人类进入太空的第一步，主要是利用火箭将航天器加速到第一宇宙速度 7.9km/s，产生的离心力正好等于地球对其的引力，从而可以将航天器送到太空，不坠落回地面，进而绕着地球进行轨道飞行。军事航天发射与普通航天发射几乎没有区别，最大的区别在于发射的航天器是军队还是其他组织所有，此外还有一个大的差别是军事航天发射对于发射速度，以及战时生存性有着更高的要求。世界主要国家的主要航天发射场都掌握在军方手里，例如，美国天军的第 30、45 三角队分别负责运行范登堡、帕特里克航天发射基地，俄罗斯空天军掌管着国内的普列谢茨克、从哈萨克斯坦政府租借的拜科努尔航天发射场以及正在建设的东方港航天发射场等。民用、商业等航天活动都需要在军方监管下进行。

1.4.2.1　运载火箭基础

开展航天发射活动主要使用运载火箭。运载火箭一般由 2~4 级组成，各级通过级间结构连接，每一级都包括推进系统、控制系统和箭体结构。其中，火箭末级也称上面级，常采用液氧和液氢高能推进剂，提供再启动能力以满足特定发射轨道需要，此外还搭载着火箭的制导系统以及有效载荷——航天器，外面有整流罩以抵御火箭在大气层快速飞行时产生的高温高压环境，飞出大气层后整流罩即可抛掉。火箭的其他级也可称为下面级，或第一、二、三级等，常采用液氧与煤油、四氧化二氮与偏二甲肼等液体推进剂或者高氯酸铵与铝粉等固体燃料，提供了火箭发射的绝大部分推力，用于将航天器推出大气层送到预定轨道。

运载火箭最常用的划分方法主要有三种：①按照运载能力，可以区分为轻型火箭（低轨运载质量小于 2t）、中型火箭（低轨运载质量 2~20t）、重型火箭（低轨运载质量 20~50t）、超重型火箭（低轨运载质量大于 50t）等。②按照发射平台，可以区分为陆基发射、海基发射和空基发射。③按照使用的燃料，可以简单区分为液体火箭、固体火箭等。

运载火箭的研发是一项高技术、高难度、高风险工作，是一项艰巨的系统工程，目前只有美国、俄罗斯、中国、欧洲、印度、日本、朝鲜、韩国、巴西、伊朗、以色列、新西兰等国家和地区具备相应能力。

运载火箭的研发与弹道导弹研发工作绝大部分类似，区别主要在于运输的有效载荷和投送的目标位置，但都是利用了火箭的推力，前者是将航天器从地面投送到太空适当高度并给予其恰当的速度，后者是将弹药从一个地点发射到另外一个地点，飞行也能经过数百千米高度的太空，但如果达不到第一宇宙速度或者根据控制程序指令，还会再入重返大气层并飞向目标。关于火箭的运载能力存在一个"1/2 准则"，即携带给定载荷的火箭，如果地面最大射程为 R，则只能把相同质量的载荷垂直推高 $R/2$。

1.4.2.2 运载火箭发射

运载火箭的发射可以依托陆基发射架，也可以在海上发射平台上发射，还可以利用飞机将火箭带到空中加速到特定速度进行发射。海上、空中发射的最大优势在于发射灵活快速，不受地理条件约束，从而可以增加发射窗口时间，扩大入轨轨道倾角范围。但是，缺陷也很明显，由于发射平台限制，目前主要用于发射轻型运载火箭，不能发射重型、超重型火箭。

运载火箭的发射一般在陆基发射场进行。运载火箭与航天器集成并完成测试后，运往发射塔架固定，可伺机进行发射，之后的发射准备工作主要有三项：

（1）确定发射窗口。发射窗口是指允许火箭发射的时间集合，集合的大小称为发射窗口宽度。影响发射窗口的主要因素包括：航天器的轨道要求、发射场的气象条件，以及在轨物体规避等。在特定航天发射场发射特定型号、用途的航天器，由于航天器的目标轨道和发射方位角已知，再根据气象条件预报信息、太空目标碰撞预警信息以及监管、技术等方面因素，可以明确一个乃至多个发射窗口。而且，发射窗口确定后，也可以根据实际情况进行变更，以确保航天发射任务万无一失。

（2）燃料加注。燃料加注是指利用加注系统向运载火箭及其有效载荷（航天器）加注推进剂的过程。通常有两种加注方案：①在发射塔架加注所有推进剂；②在装配集成测试区先给航天器加注高沸点的可贮存推进剂，在发射塔架给航天器加注低温液体推进剂，给运载火箭加注全部推进剂。需要注意的是，固体火箭在生产时已经完成固体燃料的"加注"，并可进行一定期限的贮存，这时不需要进行燃料加注。此外，全电推进的航天器也不需要进行燃料加注。

（3）静态点火试验。静态点火试验，又称系留点火试验，是一种火箭发射前的预先点火试验，在整个点火过程中，火箭相对于试验台处于静止状态，通过各种测量装置获得火箭发动机的推力、压力、温度和应变等参数，可用于验证火箭的点火时序、振动情况和推力平衡情况，是火箭成功飞行的重要先决条件。一般来说，新研发的火箭必须进行静态点火试验后才能正式发射，而成熟的火箭可以跳过这一步骤。但是，美国太空探索技术（SpaceX）公司的"猎鹰9号"火箭正式发射前几天都会进行静态点火试验。

1.4.2.3 典型的运载火箭

1. 最重的运载火箭

按照火箭的运载能力，历史上世界公认最重的运载火箭是美国的"土星5号"，由美国航空航天局（NASA）下属的马歇尔太空飞行中心牵头研制，主要用于20世纪六七十年代的"阿波罗"载人登月任务，共将12名宇航员送上月球，其最大起飞质量达到2800t，高达111m，直径达10m，最大推力约3500t（3450万N），可将118t的载荷送到近地轨道，将43.5t的载荷送到月球。"土星5号"火箭首次发射于1967年，最后一次发射于1973年。

当前世界上最重的运载火箭是美国SpaceX公司的"猎鹰重型"火箭，号称近地轨道运载能力约63.8t，地球同步轨道的运载能力为26.7t。截至2022年仅执行过3次发射任务，第一次是将埃隆·马斯克的跑车送去火星，第二次是将一颗"阿拉伯星6A"通信卫星送入地球同步轨道，第三次是将24颗卫星分别送到3个近地轨道，但是载重量均尚未达到过设计上限。

未来世界上最重的运载火箭可能是美国NASA于2022年首飞的太空发射系统（SLS）火箭，第一阶段以70～110t的星座计划载人任务为主，之后会发展出130t的货舱型载荷任务。最终的运载能力将达到143t，甚至有可能达到165t。此外，也可能是美国SpaceX公司的"超重星舰"运输系统，采用箭船一体化设计，近地轨道运载能力超过100t，可将100人送往月球、火星等。我国正在开发的长征九号运载火箭设计近地轨道运载能力也超过100t，计划2030年首飞。

2. 空基运载火箭

空基运载火箭是通过载机将其运送到高空并从空中发射的运载火箭，不受地理条件的限制，可从不同的机场起飞并在任何地点上空发射，不仅能够增加发射窗口时间，还可以扩大轨道倾角范围。此外空基运载火箭可以利用飞机提供的初始速度和释放高度，在一定程度上提高火箭的运载能力。空中发射任务比较灵活，准备时间短，战时生存能力强，可用于快速发射。

"飞马座"（Pegasus）运载火箭是世界上第一型从空中发射的火箭，属于三级固体有翼火箭，由轨道科学公司负责研制，1990 年首飞成功，截至 2022 年已进行 70 多次发射任务，运载能力超过 400kg，改进型"飞马座-XL"运载火箭运载能力可达到 500kg。2021 年 6 月 13 日，美国天军从加州范登堡基地用"飞马座-XL"火箭成功发射了"战术响应发射 2"（TacRL-2）卫星，以验证快速响应战术卫星发射技术。美军的"战术响应发射"概念旨在实现敏捷灵活的太空能力，更快地增加或替换在轨资产，以应对太空领域的变化，满足作战指挥部对战术太空力量的未来需求。

"运载器 1 号"（Launch One）运载火箭是世界上第二型也是最新型的从空中发射的火箭，属于两级液体运载火箭，由维珍轨道公司研制，2020 年首飞成功，截至 2022 年 10 月已进行 5 次发射任务，运载能力 500kg，其中至少 3 次发射了军用卫星。2022 年 6 月 29 日，美国天军实施了 STP-S28A 任务，"运载器 1 号"火箭，搭乘改进型波音 747 飞机从莫哈韦航空航天港起飞并在空中发射，成功将 8 颗卫星送入高度 500km、倾角 45°的预定轨道。

3. 海基运载火箭

海基运载火箭是通过船舶、海工等海上移动发射平台进行发射的火箭，也可不受地理条件限制从广阔的海洋上发射，能够增加发射窗口时间和扩大轨道倾角范围，但与陆地发射相比技术较为复杂，难度较大，与空中发射相比，灵活性不够。目前，世界上主要有两型海基运载火箭。

"天顶-3SL"（Zenit）运载火箭是世界上第一型从海上发射的火箭，由俄罗斯、美国、挪威、乌克兰四国 1995 年联合成立的海射公司运营，是苏联 20 世纪 80 年代研制的"天顶号"运载火箭的改进型，属于三级液体火箭，全长 59.6m、最大直径 3.9m、起飞质量 471t，近地轨道运载能力 7t，首次发射于 1999 年，截至 2022 年已完成 36 次海上发射任务。其海上发射系统还包括"奥德赛"海上浮动发射平台、总装与指挥控制船等。"奥德赛"海上发射平台航行时重 1.74 万 t，吃水深度 7.5m，到达发射地点后还要向发射平台泵水使其吃水深度达到 21.5m，以减小发射时火箭的摇晃幅度提高稳定性。

长征 11 号海射型是我国第一型、世界第二型从海上发射的运载火箭，属于四级固体运载火箭，总长 20.8m、最大直径 2m、起飞质量 57t，典型任务轨道为 200～1000km 高的圆轨道，运载能力 700kg，2015 年完成首飞，截至 2022 年 10 月已完成了 13 次发射任务。火箭在装配厂房中完成总装、测试以及有效载荷对接和整流罩封装操作后，将火箭吊装装船并运送到预定海上发射位置后，火箭进行测试和起竖操作，随后点火升空，将有效载荷送至目标轨道。除由发射船运往发射点的航行时间外，发射准备操作的标准周期为 7 天。

1.4.3 军事航天测控技术

航天测控，是航天测量与控制的简称，是航天发射和航天器在轨飞行活动的基础和前提，主要作用是对各飞行阶段的火箭和航天器进行跟踪、测量与控制（TT&C），保证其按预定的状态和计划完成航天任务。跟踪主要包括对航天器的飞行轨道和姿态测量（也称外测）；测量主要包括对航天器平台及其有效载荷工作参数测量（也称内测或遥测）；控制主要指通过遥控指令控制航天器上各执行机构动作以改变或保持航天器的飞行轨道、姿态及航天器内部设备的工作状态。航天测控是航天活动的重要组成部分，没有航天测控，航天发射和航天器在轨运行也就无从谈起。

1.4.3.1 航天测控基础

航天测控系统有三大主要功能：

（1）跟踪测轨，利用雷达、光学测量设备精密测量火箭或航天器的坐标、速度、加速度等飞行轨道参数，一般用来探测、发现、识别目标，确保测控天线能够对准航天器，与其建立通信，保证测控工作的顺利执行。低轨航天器过顶时间短，对其测控时如果不能及时跟踪到目标航天器，就不可能与其建立通信，更不可能完成预定测控任务。雷达测量设备按工作体制可分为脉冲测量和连续波测量两种，优点是全天候工作、测量精度高、测量距离远、能集成输出遥控信息等。光学测量设备包括光电经纬仪、光电望远镜、高速摄像机、红外辐射仪、激光雷达等，弱点是作用距离较近，易受气象条件制约，优点是直观性强、性能稳定、定位精度高、不易受"黑障"和地面杂波干扰。

（2）遥测，遥测的内涵是"近测远传"，即利用航天器内部设备，测量各组成系统的工作状态参数，然后将其转换成无线电信号，远距离传输到地面测控站的接收天线，再进行解调处理还原出参数数据，可以用于监测航天器的健康状态、设备工作情况，以及对控制命令的响应反馈等。

（3）遥控，将对航天器的控制指令转换成无线电信号，远距离传输到航天器上，进而实现控制功能。按用途不同可以分为安全遥控和卫星遥控。安全遥控用于发射过程中的安全控制，是炸毁故障火箭的外部手段，安全指令具有保密程度高、实时性强、执行时间短等特点。2022年10月日本小型固体火箭"埃普西隆"6号机发射失败就通过上传安全遥控指令将其摧毁；卫星遥控用于控制卫星进行卫星的机动变轨、姿态控制、侦察载荷的指向成像工作、通信载荷的链路通断工作等，保障卫星按计划正常工作运行。遥控指令具有内容多、执行时间长、要求复杂等特点。

跟踪测轨、遥测、遥控三大功能统一综合在测控系统中，相辅相成完成测控任务，缺一不可。此外，航天测控还有一个重要概念——数传。数传是无线电高速数据传输的简称，于 20 世纪 60 年代被提出，其工作原理与遥测相同，但从应用层面和工程实现上来看二者又大大不同。遥测测量回传的是航天器本身的工作参数、轨道特性、遥控反馈信息、内部环境信息等工程信息，数据量小；而数传回传的主要是航天器工作时所获取的信息，例如侦察卫星的影像数据、预警卫星的预警数据等，数据量大得多；因此，数传对传输速率的要求远远高于遥测，进而导致二者在通信实现上存在区别。

1.4.3.2　航天测控技术体制

航天测控技术从 20 世纪 50 年代历经近 70 年的发展到现在，统一载波测控体制和扩频统一测控体制是当前主要的两种测控体制。

统一载波测控体制，将对航天器的跟踪测轨、遥控、遥测等功能综合为一体，是测控技术发展史上的一个里程碑。之前，跟踪、遥测和遥控相互分离，各自使用不同的频率，当时这种测控系统称为分散体制测控系统。统一 S 频段（USB）测控系统自问世以来，在航天测控领域得到了广泛应用，在 20 世纪 80 年代，USB 被纳入国际空间数据系统咨询委员会（CCSDS）标准，为世界上多数国家所接受。统一载波测控体制是使用一个载波同时完成测距、测速、测角、遥控、遥测、话音等多种功能，这里的统一测控其实是载波信道的统一，即在发端各基带信号分别调制到各自的副载波上（各种信号对各自的副载波调制的目的是便于信道的频率区分），然后再将各路已调副载波信号加在一起调到载波上，通过统一信道发射出去。接收端通过统一的载波接收信道接收，首先完成对载波的解调，然后将解调出各路副载波信号送到相应基带设备进行处理，完成副载波解调并获取各自的调制信号。统一载波体制一直是航天测控系统的主要制式，但其电子对抗能力弱，在抗干扰、信号隐蔽性、抗截获、抗测向等方面性能较差。

扩频统一测控体制，更易于在技术上实现较强的抗干扰和信号保密措施，适应了现代电子战和电子对抗的需要。扩频技术主要包括直接序列扩频、跳频扩频、跳时扩频、线性调频、混合扩频和超宽带扩频等几种方式，其中，直接序列扩频易于实现多址和信号加密，适用于天地信息数据传输。扩频统一测控体制中，各种信号不再用不同的副载频来区分，而是采用时分多路，实现对卫星的遥测、遥控、测距、测速、跟踪、测角、数传等功能，即上行遥控、数据注入、其他上行测控数据，下行遥测、其他下行测控数据等按上下行数据统一打包，用时分多路来区分不同信号，信号打包成帧后统一进行伪码扩频后再对载波进行调制并送入信道进行传输；不同的卫星不再靠不同频点来区分，而是靠不同的伪码来区分，用码分多址来实现多星测控；测距用伪随机码来进行。

1.4.3.3　航天测控网络

由于除地球静止轨道卫星外，绝大多数卫星的飞行轨道具有全球性、周期性，理论上来说，只要有一个处于适当位置的地面站即可完成对任意卫星的测控任务。但是从实践上来看，为了能够尽快将任务指令下达给卫星，必须提高测控的实时性，如果在全球多个点位布设地面站，就能随时通过相应地面站控制过顶其上方的卫星。美国由于第二次世界大战以后国力强盛和地位特殊，是目前唯一进行全球建站的国家，其他国家一般局限在国土范围之内，但也可通过多种方式扩大测控覆盖范围：①通过建造航天测量船，进入海洋执行测控任务；②通过国际合作的方式，扩大建站范围；③利用中继卫星，进行天基测控。数个或数十个地球站组成航天测控网，航天测控网通常需要设置控制中心和备份控制中心，来计划、协调、管理、控制不同地球站的测控任务。对轨道上卫星的控制可以分为飞行控制和有效载荷控制两部分，因此，控制中心也可以分为飞行任务控制中心和有效载荷运行控制中心。一般情况下，飞行任务控制中心与有效载荷控制中心设在一起，相互协调开展工作，或者飞行任务控制中心兼具有效载荷控制中心的职能，同时为卫星及其有效载荷提供地面测控支持。但是也有例外，美国陆军2022年8月之前一直负责美国宽带全球卫星（WGS）和国防卫星通信系统（DSCS）卫星的有效载荷的控制，并设有5个运行控制中心和4个区域支持中心，而卫星的飞行控制则一直由空军卫星控制网（AFSCN）的控制中心负责。但不管哪种情况，只有飞行任务控制中心可向航天器和有效载荷发送遥控指令。

1. 美国天军卫星控制网

美国天军卫星控制网（SCN），以原空军卫星控制网（AFSCN）为基础和核心，并进一步整合美国陆军的有效载荷控制网络与海军的测控网络，通过进行系统和任务的集成升级，满足当前和未来的卫星测控需求。

天军卫星控制网有2个控制中心（一主一备），主控制中心位于施里弗天军基地，备份控制中心位于范登堡天军基地，下辖十多个远程跟踪站，遍布全球各地，在美国本土西起加利福尼亚州东到佛罗里达州，并从太平洋的关岛和夏威夷、到印度洋的迭戈加西亚岛、到大西洋的阿松森岛，再到北冰洋的格陵兰岛，均有美国天军的卫星测控设施。此外，对于 GPS 以及航天侦察、导弹预警系统等卫星系统，还建有专门的 GPS 信号监测站、侦察预警情报数据数传站和移动地面站等设备。

控制中心的核心系统主要有电子调度发布（ESD）、操作开关替换（OSR）、轨道分析系统（OAS）、链路保护系统（LPS）等系统。①电子调度发布系统，主要接收和处理测控网络资源（天线、接收器、转发器、记录器、通信链路等）使用请求，明确特定资源在特定时间支持的特定活动，支持航天活动（包括航天发射、卫星通信），此外还负责提供网络状态能力，允许用户报告辅助事项，以及测控网络资源常规的中断事件等。②操作开关替换系统，主要通过世界范围通信网络为控制中心与远程跟踪站之间提供通信连接，为卫星活动提供支持，具体包括分布式通信控制（DCC）、广域网络接口单元（WANIU）、组网（Networking）、网络管理与信号分布等 5 个功能模块。分布式通信控制模块提供广域网络接口单元的控制和监控；广域网络接口单元提供位于靶场的远程地面设施和用户装备的通信接口；组网部分为分布式通信控制模块和广域网络接口单元以及通过政府设施传输为站点之间提供通信接口；网络管理部分提供广域网络接口单元和组网部分的状态监控；信号分布部分提供 fan-out 能力。③轨道分析系统，主要整合星历数据、观看角度，开展射频干扰（RFI）调查，生成射频干扰预测产品，并向所有用户提供。④射频干扰监测系统，主要为测控网络使用的天地链路系统（SGLS）频带下行链路提供全球实时的射频干扰检测和报告。

远程跟踪站，主要提供自动地面测控能力，通过人机接口和分布式任务专用卫星操作中心（SOC）接收指令，支持天地链路系统（SGLS）和非 SGLS（数据中继功能）两种测控功能的实现，主要使用 L 频段（1000～2000MHz）和 S 频段（2000～4000MHz）工作，天地链路系统（SGLS）的发射频率范围为 1755～1850MHz（L 频段）。接收范围为频率范围从 2200～2300MHz（S 频段）。

2. 美国卫星天基测控网

由于受地球曲率的影响，地面测控站对近地航天器的测控时间很短，如果利用地球同步轨道的中继卫星与其他轨道航天器建立通信，控制中心就可以将测控信号通过地面测控站发送给中继卫星，中继卫星将测控信号转发给目标卫星，即可实现天基测控，这可以大大提高测控覆盖范围。这也相当于把地面测控站搬到了天上，故又称为"天基测控网络"。天基测控网络离不开地面测控站的支持，美国天军的远程跟踪站，均支持天基测控信号的传输。

美国有两类天基测控网：①美国航空航天局（NASA）的跟踪与数据中继卫星（TDRS）网络，首颗卫星发射于1983年，截至2017年共发射13颗，其中2000年以后6颗，之前发射的可能已经退役。指控中心位于新墨西哥州白沙导弹靶场，被NASA称为白沙综合设施；网络控制中心位于马里兰州戈达德航天飞行中心，负责协调天基网的所有行动；远程跟踪站位于关岛，但推测也可以使用天军卫星控制网的跟踪设备。其地面前/反向传输链路，均工作于K频段，但在K频段出现问题时，可以应急使用S频段的备份测控设备。2022年4月，NASA宣布授出6份"通信服务项目"（CSP）合同，验证可最终接替"跟踪与数据中继卫星"（TDRS）的通信中继卫星星座的商业服务。②美国天军的数据卫星系统（SDS）网络。SDS卫星由美国国家侦察局负责建设、管理，主要承担将美国高分辨率成像侦察卫星"锁眼"和"长曲棍球"卫星拍到的光学、雷达图像传送到美国地面站，辅助承担美国军用卫星的测控任务，首颗卫星发射于1976年，截至2017年共发射21颗，其中2000年以后9颗，之前发射的可能已经退役，SDS卫星使用美国天军卫星控制网络的地面设施。

3. 未来智能卫星控制网

美国天军太空发展局（SDA）于2019年7月提出建设由"传输层、跟踪层、监管层、战斗管理层、导航层、威慑层、支持层"组成的"国防太空架构"（NDSA），主张利用数百颗微小卫星星座，代替现有的少量、大型、高价值卫星，以提高天基系统的灵活性、抗毁伤能力。这些卫星都将具备建立光学星间链路的能力，计划于2023年初发射首批卫星，到2027年初步具备作战能力。美军过去如果要实现对庞大的卫星星座的测量控制，即便拥有全球布站的测控系统也将捉襟见肘，但"国防太空架构"卫星都具有光学星间链路通信中继能力，任何一颗卫星均可实时与另外任一轨道的卫星进行光速通信，这将在智能天基测控领域发挥重大作用，能助力美军实现"一处测控、全球响应"的星座在轨管理模式。

相比之下，美国SpaceX公司的星链卫星，目前已发射3000多颗，在轨运营卫星数量甚至超过美国军方，其V1.5版本卫星已经具备光学星间链路通信能力，在全球部署测控站的同时，也在通过卫星的中继功能实现对星座的测控。

参考文献

[1] 李智，陈勇，来嘉哲，等. 空间安全中的物理问题[M]. 长沙：国防科技大学出版社，2012.
[2] 杨炳渊. 航天技术导论[M]. 北京：中国宇航出版社，2009.
[3] 阿尼尔·K.迈尼. 卫星技术原理篇[M]. 刘家康，译. 北京：北京理工大学出版社，2019.
[4] 翟锋，朱贵伟. 洛马公司A2100卫星平台的设计与应用[J]. 国际太空，2012(11)：41-43.
[5] 赵秋艳. 美国成像侦察卫星的发展[J]. 航天返回与遥感，1999, 20(3)：31-39.
[6] 张世永，刘其武，谢奇. 美国FIA雷达卫星及其军事应用特点浅析[J]. 外军信息战，2013(3)：32-36.
[7] 范永辉，郭凤宇. 美国电子侦察卫星发展概述[J]. 科技信息，2012(33)：94,115.
[8] 毛用泽. 卫星（天基）核爆探测技术进展[J]. 世界科技研究与发展，1998(6)：50-66.
[9] 王云萍. 美国天基红外导弹预警技术分析[J]. 光电技术应用，2019,34(3)：1-7.
[10] 刘天雄. 卫星导航系统概论[M]. 北京：中国宇航出版社，2018.

第 2 章

美国军事航天发展

谁能控制宇宙,谁就能控制地球。

——美国第 35 任总统　约翰·肯尼迪

美国航天技术源自 20 世纪初叶罗伯特·哈金斯·戈达德的火箭试验。罗伯特·哈金斯·戈达德(1882—1945)是现代火箭的创始人(图 2-1)。1926 年 3 月 26 日,他在沃德农场进行了世界上第一枚液体火箭的发射试验,火箭工作了 2.5s,上升高度达 12m,飞行距离 56m。1932 年 4 月 19 日,他设计的首次采用陀螺控制燃气舵的火箭飞行试验成功。1936 年,加利福尼亚理工学院的冯·卡门等也开始研制液体火箭,成立了"火箭俱乐部",钱学森也是其创始人之一,他们研制的"单兵 A"火箭平均射程达到了 16.5km。由于第二次世界大战的影响,这些火箭都没有达到实用化程度,但为第二次世界大战后美国运载火箭的发展提供了直接的技术基础。第二次世界大战结束后,美国在缴获的德国 V2 火箭的基础上开始研究大型火箭和导弹,并在此基础上开展其他航天活动,加速其军事航天发展。

图 2-1　罗伯特·哈金斯·戈达德

2.1　军事航天的萌芽与起步

第二次世界大战结束,新的世界格局初步形成。美国和苏联为首的两大阵营的对抗与竞争，催生了先进武器的发展，也推动了军事航天的出现与发展。

▲ 2.1.1 洲际导弹计划获得最高级优先权，空军成功研制"宇宙神"

1945年7月16日，美国在第二次世界大战结束前成功爆炸了世界上第一颗原子弹（图2-2），成为世界上第一个拥有核武器的国家。当时，美国对苏联遏制政策与原子弹因素构成了所谓的"原子外交"路线。这种路线的实质就是凭借实力，达到让苏联人做出让步的目的。美国的"原子外交"政策在很大程度上基于两个论点：①原子弹的威力几乎是不可估量的；②原子弹的秘密是可以垄断的。为了推行"原子外交"的对苏遏制政策，美国一方面加紧原子弹的试验，以期改善原子弹的质量、增加原子弹的数量；另一方面加速发展新式远程轰炸机，以解决原子弹的运载问题。受"原子外交"政策的影响，当苏联在1949年原子弹成功爆炸，核垄断被打破之后，杜鲁门又下令发展氢弹。

图2-2 美国投掷在日本长崎的原子弹"胖子"

"原子外交"政策带来的后果是，由于美国政府过分相信原子弹、氢弹及远程轰炸机的威力，也由于美国政府对火箭的发展潜力认识不清，从而大大影响了战略导弹的发展。当然，美国不重视洲际导弹的发展还有一个客观原因，就是当时核武器个头很大，导弹根本无法将这么大的东西发射到很远的地方。直到20世纪50年代初，随着国际形势的变化，美国才恢复了一些弹道导弹计划，并制订了新的洲际导弹计划，如"宇宙神"洲际导弹计划。不过也没有给予很高的优先权，投资很有限。

1953年情况发生了重大变化。美国首次得到了苏联加速发展洲际导弹的可靠情报。美国的氢弹研制进展顺利，而原子能委员会亦表示大幅度减小原子弹体积和重量有望在几年内实现。这促使美国空军对自己的政策进行重新检查。1953年秋，空军建立了一个战略弹道导弹评价委员会，由著名科学家冯·诺伊曼担任主席（图2-3）。该委员会充分研究了国际和国内导弹的发展动向，以及在火箭技术上的突破，于1954年2月10日提交报告指出，根据核武器及火箭技术取得的进展，洲际核导弹可望在5年甚至更短的时间内研制成功。在这个关键时刻，美国必须加速发展洲际导弹，从而抢在潜在对手苏联之前拥有远程核打击能力。这份报告引起美国空军和美国政府的高度重视。1954年5月1日，空军授权施里弗准将全面负责"宇宙神"洲际导弹计划。1955年3月，"宇宙神"计划获得最高级优先权。

图2-3 "计算机之父"和"博弈论之父"冯·诺依曼

"宇宙神"是美国第一种洲际导弹。由于装备弹头型号和当量的不同，"宇宙神"导弹有多种型号。它的主体直径为3.05m，底部最大宽度4.87m，根据装备弹头的不同，其长度在23～25m之间，导弹的起飞质量在116t左右。"宇宙神"A纯粹是试验型（图2-4），"宇宙神"B也是试验导弹。1958年8月2日，"宇宙神"B进行了首次发射试验，射程超过4000km（苏联已于1957年8月21日，成功地进行了世界上第一枚洲际弹道火箭P-7发射试验）。1958年11月28日，"宇宙神"B进行全程发射试验，射程达9660km。实用型"宇宙神"D洲际导弹于1959年7月28日成功进行了首次试验，达到全部设计指标。1959年9月9日，美国正式宣布"宇宙神"洲际导弹装备部队。后来的试验和改进表明,"宇宙神"导弹潜在射程可达到15000km。

图 2-4 "宇宙神"A 型洲际导弹

▲ 2.1.2 多方努力,陆军首先将卫星成功送入轨道

人造卫星的原理可以说是牛顿首次提出来的。早在 1687 年牛顿就在《自然哲学的数学原理》中谈到有可能以极大的初速度抛出一个物体,使它永远不再落回地球而成为一颗人造卫星。牛顿的这些观点明白无误地阐述了人造卫星的原理。1946 年 9 月,在巴黎召开的第六届国际实用机械会议上,美国加州理工学院的马林纳和索末非宣读了《利用火箭远离地球的问题》,倡导发展用于研究外层空间的火箭。美国兰德公司也建议于 1951 年发射小型人造卫星。由于科学家的不断呼吁,美国国防部于 1948 年 12 月向国会提出由军方研制人造卫星。

20 世纪 40 年代后期,美国兰德公司对人造卫星的研究对美国政府发展人造卫星的决策起到了重要的影响。兰德公司是美国著名的综合战略研究智库,以研究军事尖端科学技术和重大军事战略而闻名于世。第二次世界大战期间,美国一批科学家和工程师参加军事工作,将运筹学运用于作战方面,获得不菲成绩,受到军方重视。第二次世界大战结束后,为了继续这项工作,1944 年 11 月,美国陆军航空队(后来独立成空军)司令亨利·阿诺德上将要求利用这批人员,成立一个独立的研究机构,为政府和军方提供客观的决策咨询和分析,这就是兰德公司的前身——兰德小组。经过几年发展,在退役的阿诺德上将(图2-5)等的推动下,这个临时性计划的机构于1948年11月成为一个独立的实体,即兰德公司。

图2-5　美国空军之父阿诺德

兰德公司对人造卫星研究数年,提交了大量的报告,研究面非常广泛,同时也产生了很大影响。1946年,美国陆军航空局要求兰德小组对人造卫星的可行性进行研究,兰德小组分析了人造卫星的科学和应用价值,计算得出发展一个卫星计划的总成本约为8200万美元,还阐述了发展人造卫星的紧迫性。报告估计,如果美国愿意投入0.5亿~15亿美元资金的话,那么就能够在20世纪50年代初把人造卫星送入轨道。1949年春,空军要求兰德公司继续进行人造卫星应用价值和其潜在影响的研究。图2-6为兰德公司及其网站。

图2-6　兰德公司及其网站

兰德公司的报告首先对人造卫星的能力作了技术上的界定：①人造卫星的运行轨道可根据需要选择在某一区域上空；②它能够携带小型有效载荷，可装备照相机或电视摄像机；③现有的武器系统不可能将卫星击落；④人造卫星可以中继无线电信号或声音信号；⑤人造卫星的发展将是高成本的。在做了这样的界定之后，兰德报告给出了人造卫星的战略性意义，共包括五大方面：人造卫星在显示美国技术优越性的价值，以及在战略威慑、通信、遥感、政治等方面的价值。这些都是当时任何武器和技术无法相比的。

兰德公司的一系列报告产生了很大影响，政治家、军事家们看到了人造卫星的军事价值，科学家们则看到了它的科学价值。20 世纪 50 年代，随着国际宇航联合会的成立，关心人造卫星和进行高空研究的个人和团体越来越多。1951 年 9 月 3 日，在伦敦召开的第二届国际宇航大会上，国际宇航联合会（IAF）正式创立，会议决定以国际合作方式进行飞往月球和其他行星的研究，并预言在 10 年内将数吨的人造卫星送上 450km 的地球轨道。图 2-7 为国际宇航联合会会徽。

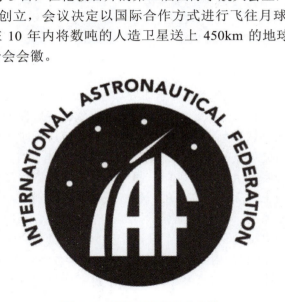

图 2-7　国际宇航联合会会徽

同一年，美国火箭学会成立了太空飞行特别委员会，目的在于研究人造卫星的应用以及人造卫星计划的制订问题。冯·布劳恩（图 2-8）等许多火箭专家连续发表有关人造卫星和太空飞行的文章，引起美国各界对太空飞行的兴趣和关注。杜鲁门总统还特地请格罗斯博士进行发射一个"美国月亮"的各项准备工作，看看能否发射一个大型气球卫星，以便全世界都能在晚上看到。

图 2-8　冯·布劳恩

　　1952 年，伴随着 V-2 高空科学研究计划的结束以及新的"空蜂"和"海盗"探空火箭投入使用，人们对高空大气及高空物理现象的认识日新月异。这些新成就使人们认识到探空火箭的科学应用价值，同时也唤起了更强烈的研制更完善的研究工具——人造卫星的愿望。1953 年 9 月，在瑞士苏黎世召开的第四届国际宇航大会上，美国马里兰大学教授辛格作了关于发射"小型地球轨道不载人卫星"的研究报告。他建议在三级火箭顶端的仪器舱内装载可回收的数据舱系统，用于远地科学探测。辛格认为，利用现有技术，不久即可望发射第一颗小型科学卫星。经过辛格教授和其他科学家的大力倡导和呼吁，国际无线电协会和国际地理学及地球物理学协会终于在 1954 年夏天通过决议，要求在地球物理年（1957 年 7 月 1 日—1958 年 12 月 31 日）内发射一颗人造卫星。1954 年 10 月 4 日，国际地球物理年委员会一个特别委员会在罗马开会，提议有关国家发射一颗不载人的科学卫星。与会的苏联和美国的代表同时接受了这一建议。这些关于人造卫星的研究和建议表明，研制人造卫星是科学研究的需要，也是军事发展的需要。总之，时代呼唤人造卫星早日出现。

　　20 世纪四五十年代，尽管美国和苏联都正式做出研制和发射人造卫星的决定，但在计划的具体执行上，两国采取的方针是不同的。苏联将运载火箭和洲际导弹通盘考虑，并行发展，从而大大加快了进度。美国则把人造卫星计划与洲际导弹研制截然分开。国防部实际上对人造卫星计划并不十分重视，在批准人造卫星研制计划的同时，还明确指示人造卫星研制不得影响和干扰导弹计划。这些方针和政策给美国人造卫星的研制工作带来重重困难。

苏联和美国在发射第一颗人造卫星上展开了一场争夺战。在1955年7月29日，国际无线通信联合会第三次大会召开之前，美国总统艾森豪威尔（图2-9）宣称美国正在进行发射人造地球卫星的准备工作。苏联科学院院士谢多夫在这次大会上也宣布苏联打算在国际地球物理年期间发射一颗到几颗人造卫星。

图2-9　美国总统艾森豪威尔

美国制定了周密的人造卫星发展规划，但由于提出人造卫星计划的单位有多个，一时难以取舍。几个大型火箭、人造卫星计划并存，多家单位互不相让，各行其是。这种局面既导致人才、资金、设备的分散，也浪费了大量宝贵的时间。第一个计划是以冯·布劳恩为首的陆军弹道导弹局和海军研究实验室1954年联合提出的"轨道器"计划，拟采用"丘比特"中程导弹改装的火箭。1955年春，海军研究实验室原海盗探空火箭计划小组提出了一个"先锋"计划。除了这两家单位，空军、航空喷气工程公司和马丁公司也都提出了各自的人造卫星计划。美国国防部在审批这些计划时，没有以哪个计划能够最早发射成功第一颗人造卫星为标准，而是以不影响导弹计划为原则。1955年9月9日，经过权衡，美国国防部批准了海军研究实验室的"先锋"计划。图2-10为"先锋号"运载火箭。

图 2-10 "先锋号"运载火箭

"先锋"计划采用的"先锋号"火箭是三级运载火箭,其方案虽然进行了多次修改,但还需要解决许多新的技术问题,然而美国政府在民情激愤的压力之下,在既定的综合试验没有完成之前,就轻率地宣布美国将在 1957 年 12 月发射第一颗人造卫星,这就为"先锋"计划的失败埋下了隐患。

美国政府宣布这个重磅消息后,举国上下十分振奋。新闻界纷纷派出采访团来到卡纳维拉尔角发射场,许多政府官员和普通老百姓也云集于此,此外还有成千上万的美国人则在电视机前等待着观看第一颗美国人造卫星发射的实况转播,但这次冒险性的人造卫星发射却遭到惨败。1957 年 12 月 6 日,"先锋号"火箭点火后不到 2s,上升约 2m 时,就因发动机故障掉回发射台上,接着是爆炸和浓烟。这次失败对美国人的自尊心又是一次深深的打击。由于这次发射试验是实况转播,失败的消息立刻传遍了全世界。

而苏联在 1957 年 10 月 4 日,已经成功发射了世界上第一颗人造地球卫星"斯普特尼克 1 号"。一时间,在世人眼中,苏联在科学上的领先地位似乎又一次得到了证实。

第 2 章　美国军事航天发展

美国陆军弹道导弹局在"轨道器"计划被取消后,多次要求恢复这一计划,都未被批准,苏联发射成功第一颗人造卫星的消息才真正促使美国政府改变决定。1957 年 10 月 25 日,国防部终于批准恢复轨道器计划。11 月初,国防部部长授权陆军在 1958 年 3 月前发射两颗人造卫星,第一颗人造卫星定于 1958 年 1 月 30 日发射。

实际上,在"轨道器"计划被取消的时间里,陆军弹道导弹局并没有停止与人造卫星有关的研究活动。在梅德里斯和冯·布劳恩的努力下,弹道导弹局和喷气推进实验室决定合作,在"红石"导弹(图 2-11(a))的基础上发展多级火箭,研制成功了"丘比特-C"三级火箭。紧接着,美国人在"丘比特-C"火箭上又加装了第四级,这就是发射美国第一颗人造卫星的"朱诺 1 号"运载火箭(图 2-11(b))。

图 2-11 "红石"导弹(a)与"朱诺 1 号"运载火箭(b)

1958 年 1 月 31 日,在卡纳维拉尔角发射场,一枚"朱诺 1 号"运载火箭将"探险者 1 号"人造卫星送入了 600~2534km 的地球轨道,从而使美国也跨入了航天时代。"探险者 1 号"人造卫星虽然个头很小,但寿命更长,星载电子设备也更为先进,成功地挽回了美国的一点面子。

2.1.3　战略侦察机被高空击落,侦察卫星横空出世

1. U-2 高空侦察机被击落

1955 年,美国洛克希德·马丁公司研制的 U-2 侦察机(图 2-12)开始服役,这种飞机相当先进,航程约 6000km,飞行高度可达 20000m 以上,超过当时一般截击机的飞行高度,甚至超过一般地空导弹的射程,在这样的高度飞行,当时被认为是难以被击落的。

图 2-12　U-2 高空侦察机

1956 年 6 月 14 日，U-2 飞机首次成功地飞越苏联领空。由于当时没有与 U-2 飞机抗衡的防空武器，苏联人只能忍气吞声。1957 年 5 月，U-2 飞机在苏联拜科努尔靶场发现了苏联的第一枚洲际弹道导弹 P-7（北约代号 SS-6"警棍"导弹）。通过高质量的空中摄影，U-2 飞机向美国情报机构提供了许多有关苏联军事基地的情况，其中包括靠近阿拉木图的兵工厂、萨雷沙甘的导弹试验场、新地岛和塞米巴拉金斯克的核试验场等。综合其他来源的情报，美国经常能在苏联之前宣布苏联的导弹和核试验情报。在 U-2 飞机飞越苏联的几年时间里，美国列出可疑的苏联目标大约由 3 个增加到 20000 个。

有了 U-2 飞机，美国人感觉就像在苏联上空放了一双大大的眼睛，苏联的一举一动都逃不过美国人的视线。通过 U-2 飞机的侦察，美国发现了与苏联存在的所谓"轰炸机差距"，纯粹是苏联人设下的阴谋。1955 年 8 月，在图申斯克机场进行的航空表演上，苏联人采取同一批新型轰炸机反复飞行的手段，使美国空军武官查尔斯·泰勒震惊地发现苏联的这种新式战略轰炸机要比美国空军刚刚装备的同类型飞机多 4 倍。这个"轰炸机差距"的欺骗的消除，直接导致肯尼迪总统在 1961 年上台时，取消了发展"北欧神式"B-70 型超声速轰炸机的计划，再加上美国人从 U-2 飞机初期照相侦察中，也发现了苏联正在全力发展战略导弹，这一发现促使肯尼迪政府下令制造 1000 枚"民兵"洲际导弹。

U-2 飞机自执行对苏联的侦察任务以来，收集了很多重要的情报，均未出现过太大的麻烦,但不甘受辱的苏联很快就用改进的 SA-2 防空导弹取代了过时的 SA-1,第一批 SA-2 导弹营被部署在莫斯科和其他大城市以及最重要的战略目标周围。1960 年 5 月 1 日,美国飞行员鲍尔斯驾驶的 U-2 飞机在执行对苏联的侦察任务时,被严阵以待的苏联防空军的 SA-2 导弹击落。U-2 飞机被击落,使美国在即将召开的苏、美、英、法四国首脑会晤前陷入了被动,苏美关系进一步恶化。同时,这一事件也促使美国情报机构重新审视自己对苏联情报侦察方面的不足,把更多的希望寄托在刚刚研制成功不久的可回收型照相侦察卫星上。图 2-13 为苏联第一代实用防空导弹系统 SA-2 防空导弹。

图 2-13　苏联第一代实用防空导弹系统 SA-2 防空导弹

2. 侦察卫星问世

当 U-2 飞机再也不能无所顾忌地"漫游"苏联的领空时,侦察卫星终于迎来了快速发展和应用的春天,而且收获远远超出了想象。

1960 年 8 月 11 日,美国第一次成功回收照相侦察卫星"发现者 13 号"(图 2-14)。该卫星在轨道处接收地面指令控制,弹射出一个再入密封舱,密封舱在海上成功回收。回收到的胶卷长约 800m,所拍摄目标以苏联和中国居多。1960 年 8 月 19 日,美国成功地利用空军 C-119 运输机的一个悬钩,在空中收回了由小降落伞吊着的"发现者-14"卫星胶片舱,里面装有 910 多米胶卷,拍摄到苏联 64 个机场和 26 个地对空导弹发射阵地,侦察覆盖面积达 427 万 km², 约占苏联领土的 1/5，比 U-2 飞机过去 4 年间对苏联全部 24 次侦察覆盖的面积还要大。

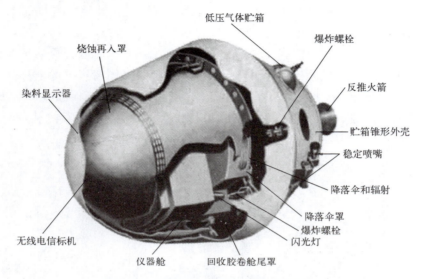

图 2-14 "发现者 13 号"胶卷舱结构图

3. 侦察卫星图片帮美国解决第二次柏林危机

第二次柏林危机是当时美、英、法三国和苏联争夺柏林引发的一次危机。第二次世界大战结束后，根据雅尔塔协定和波茨坦协定，沦为战败国的德国分别由美、英、法、苏四国占领。柏林虽然处于东德境内，也同样是由美、英、法、苏四方共管的，而且没有对西方进入柏林的通道做出明确规定和保证。苏联占领了东柏林，而美、英、法占领了西柏林，西柏林位于苏军占领区的中心，还有自己独立的政府和西方盟国的卫戍部队，西方把它看成"存在于共产主义铁幕那边的最后一个民主岗哨"，而苏联方面却认为，西方势力在柏林的存在是危险的、不能容忍的，早就想拔掉这个眼中钉。正是由于西柏林尴尬的地理位置和特殊的政治意义，美、英、法三国和苏联双方围绕西柏林的归属和占领权展开了激烈争夺。

1958 年 11 月 27 日，苏联单方面向美、英、法三国发出照会，要求他们六个月内撤出西柏林的驻军，使西柏林成为自由城市，否则，苏联会把西柏林的过境检查改由东德负责。美、英、法三国拒绝了苏联的要求，并且宣称如果苏联封锁进入西柏林的通道，他们将不惜诉诸武力，苏联对回应作出强烈抗议，史称第二次柏林危机。

1961年夏季，赫鲁晓夫就柏林问题向美、英、法三国发出最后通牒，声称苏联将在紧急情况下使用核弹头洲际导弹，西方国家也毫不示弱，双方核战大有一触即发之势。

美国肯尼迪总统在作出强硬姿态的同时，也在想方设法探听苏联核力量的虚实。经过多方努力，1961年7月7日，美国成功地发射了回收型侦察卫星"萨莫斯2号"（图2-15），这颗卫星不负众望，很快就拍到了苏联导弹武器的照片。美国通过对"萨莫斯2号"照相侦察卫星拍摄的照片分析，判明苏联的SS-7和SS-8洲际导弹正处于发射试验阶段，尚不具备实战能力，苏联的洲际弹道导弹的数量远没有达到原来估计的400枚，而只有区区14枚，与美国导弹的数量相当，根本不存在着什么"导弹差距"。

图2-15 可在星上显影的萨莫斯间谍卫星

白宫和五角大楼终于松了一口气，因为他们看清了赫鲁晓夫的威胁只是一种核讹诈，美国的对策随之也更加强硬。1961年10月6日，为了解决柏林危机问题，美国总统肯尼迪（图2-16）与苏联外长葛罗米柯进行了会谈，其间，肯尼迪十分得意地向葛罗米柯出示了美国卫星所拍摄的几张照片，照片上苏联的导弹基地清晰可见，葛罗米柯无言以对，只好回国劝赫鲁晓夫让步。从此，苏联在柏林问题上降低了调子，实际上撤销了向西方的最后通牒，第二次柏林危机趋于平息。

图 2-16　肯尼迪总统

侦察卫星在冷战时期的美苏对抗中发挥了关键作用，除了第二次柏林危机以外，其他还有古巴导弹危机、第四次中东战争、英阿马岛战争等。真可谓是小小侦察卫星，玩转整个世界！

4. 侦察卫星都侦察到什么？

间谍卫星胶卷舱的成功回收意味着人类第一次成功运用了卫星进行侦察，从此开启了利用卫星查看别国秘密的新时代。

1961 年 9 月下旬，美国一枚 KH-1 侦察卫星，拍摄了美国航空母舰"企业号"下水的情况，也顺便大面积地侦察了中南美洲。美国第一代侦察卫星采用的是全景相机，覆盖面积可达 450 万 km^2，略小于半个中国，若用 U-2 侦察机侦察，出动 30 架次也不会有这样大的覆盖面积。由于这次军事侦察相当成功，KH-1 卫星从此开始正式监视世界。美国侦察卫星主要拍摄目标是苏联驻东欧军队、苏联太空和导弹计划、中国原子弹计划及罗布泊地区建设、中国沿海军事部署和恶化的中苏边界态势。

从 1960 年 8 月开始，到 1972 年 5 月结束，历时 12 年，美国发射过 100 多颗 KH 照相侦察卫星，摄影机所用胶片长达 640km，共有 85 万张情报照片存档。这 12 年共产生四代侦察卫星。第五代侦察卫星于 1976 年发射升空。这些 KH 照相侦察卫星统称为"科罗纳"计划。初期的照相侦察卫星，只可在太空停留 3～10 天。随着航天技术的提高，长寿命卫星才出现。无线电传输型卫星在 1960 年 10 月问世之初，已能在太空工作 3～4 星期了。

有关"科罗纳"的所有情报都是最高机密，其中最大的秘密是：它在太空中到底看到了些什么？

人们越是对间谍卫星的侦察本领津津乐道，美国对于卫星照片就越是严加保密。1984年8月,英国《简氏防务周刊》刊登了3张美国间谍卫星在黑海上空拍摄的照片,第一次披露了正在建造中的苏联"克里姆林宫号"大型航空母舰(图2-17)。这份杂志立即轰动了西方,更引起了美国五角大楼的恐慌和不安。经调查,照片原来是由一个叫摩尔森的海军文职情报分析员提供的。美国联邦调查局按间谍罪逮捕了他,因为这些照片"过分地暴露了美国卫星的拍摄能力"。

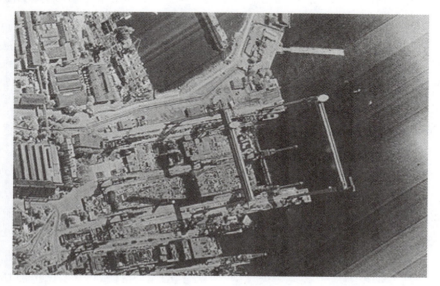

图 2-17　1984年KH-11在黑海边拍到了苏联正在建造的大型航空母舰

1991年以后,在美俄关系以及美国"国家安全"内容发生变化的时代背景下,美国"科罗纳"间谍卫星系统终于迎来了解密的一天。1995年2月,克林顿宣布取消对"科罗纳"间谍卫星早期拍摄的数以千计的文件和照片的保密。随后,中央情报局发表了一份长达300页的有关"科罗纳"的文件,公开承认"科罗纳"间谍卫星于1963年发现莫斯科在建造反导弹武器,1964年发现中国将引爆它的第一颗原子弹,1967年发现以色列在为期6天的第三次中东战争中至少在埃及、约旦和叙利亚摧毁了245架飞机。

2.1.4　多次失败,美国人终于第二个进入太空

冷战前期,美苏两国在航天领域的竞争非常激烈,两国的卫星先后上天

后，人们又把竞争的焦点转移到了载人航天领域。

为了在载人航天领域竞争中取得优势，1958年7月29日，美国根据《美国公共法案 85-568》（即《美国国家航空航天法案》），组建了美国航空航天局（NASA），统管美国的载人航天、太空探索、太空科学研究等民用太空发展计划。

1958年10月，NASA宣布正式批准了"水星"载人飞船计划，这是NASA自成立后做出的第一个重大决策。

1959年4月2日，美国为"水星"飞船工程选录了首批7名航天员。9月9日，美国用"宇宙神-D"运载火箭首次成功地发射了水星飞船模型。不幸的是，1960年7月29日，用"宇宙神-D"运载火箭发射"水星1号"无人飞船的试验失败了。同年11月21日，美国人又用"红石"火箭发射"水星-MR1"无人飞船，由于火箭控制系统故障，飞船未进入预定轨道。到了12月19日，美国终于成功发射了"水星-MR1"无人飞船。紧接着，在1961年1月到3月间进行的3次"水星"系列飞行试验都获得了成功。可惜，1961年4月25日，美国发射载有假人的"水星3号"飞船又遭遇了一次失败，火箭起飞43.3s时，因滚动和俯仰程序故障，火箭偏离飞行轨道，飞船座舱安全逃逸，并回收成功，火箭则自行引爆。

几次失败最终还是没有挡住美国人乘坐飞船进入太空的步伐，终于在苏联成功地第一个完成了载人航天飞行之后，1961年5月5日，美国也成功地进行了"水星-MR3"飞船的首次载人飞行，航天员艾伦·B.谢泼德成为美国第一位进入太空的人。1962年2月20日，美国航天员约翰·格林又驾驶"水星号"飞船绕地球飞行3圈。美国终于成功地进行了载人航天飞行。1965年3月23日，美国成功发射了第二代载人飞船"双子星座3号"飞船，搭载着美国航天员格里索姆中校和约翰·杨少校。1965年6月3日，美国发射了载有航天员麦克迪维上尉和怀特上尉的"双子星座4号"飞船，怀特在舱外行走 21min，用喷气装置推动自己在太空中机动飞行，美国实现了自己的第一次太空行走。1966年3月16日，美国发射"双子星座8号"，飞行中首次实现了载人飞船与一个名叫"阿金纳"的对接舱体对接，这次美国人终于在太空对接技术上抢在苏联人前面。图2-18所示为"水星号"太空舱与"双子星座号"太空舱。

图 2-18 "水星号"太空舱（左侧）和"双子星座号"太空舱（右侧）

美、苏两国之所以热衷于发展载人航天事业，除了在两国战略竞争中显示实力以外，还因为载人航天发展的载人飞船和太空站完全可以用于军事目的，如太空侦察监视、太空拦截摧毁、太空维修保障、太空补给、太空打击、太空指挥控制等。

▲ 2.1.5 与卫星计划同步，反卫星武器随即出现

反卫星计划（ASAT）几乎是跟卫星计划同步发展起来的。美国的反卫星武器历经了从简到繁、从低级到高级的发展过程，主要分为三个发展阶段：早期研制试验阶段、研制机载反卫星导弹、研制定向能反卫星武器。图 2-19 所示为美国太空武器地空联合攻击卫星。

图 2-19 美国太空武器地空联合攻击卫星示意图

1. 核弹头反卫星武器

从20世纪60年代到70年代中期,美国主要以核弹头反卫试验为主。在这一时期,美国的防御重点是解决反弹道导弹问题,国防建设的重点是建立反弹道导弹系统。与此同时,美国也利用已有的反导系统进行反卫星试验的技术途径探索,并进行了一些反卫星技术试验。美国陆军和海军分别利用"奈基-宙斯"反弹道导弹和"雷神"中程弹道导弹进行反卫星试验。1963年5月23日,"奈基-宙斯"反弹道导弹第一次成功地进行了美国太空反卫星拦截。由于携带核弹头的反卫星导弹存在两种严重缺陷:①大气层外爆炸也直接威胁附近轨道己方卫星的生存,核爆炸产生的电磁脉冲会使己方卫星失去通信和传递信息的能力;②大气层内低空的核爆炸所产生的辐射也会危及己方领域,因此,美国从1975年以后取消了此类计划。图2-20所示为改进型"奈基-宙斯b"反弹道导弹。

图2-20 改进型"奈基-宙斯b"反弹道导弹

2. 动能反卫星武器

从20世纪70年代中期开始,美国转向发展非核杀伤的反卫星武器技术,先后研制了两种动能反卫星武器:一种是空军研制的机载动能反卫星武器;

第 2 章　美国军事航天发展

另一种是陆军研制的地基动能反卫星武器系统。1976 年，美国空军开始发展空中发射的直接上升式动能反卫星武器系统，并在 1985 年进行了首次拦截卫星的飞行试验，成功地拦截了一颗报废的实验卫星，但该计划由于美苏的限制军备谈判而于 1988 年终止。1989 年，美国开始重点发展地基直接上升式动能反卫星武器系统。1994 年，美国成功地进行了反卫星导弹动能杀伤拦截器的地面捷联试验，并于 1997 年 8 月进行了首次悬浮飞行试验。1996 年美国开始了一种新型反卫星武器的试验。这种反卫星导弹从地面发射，在导弹与卫星遭遇时，以一张巨大的聚酯板拍打卫星，使卫星内部的仪器失灵，而卫星仍保持完整的外形，从而可以减少碎片。

3. 激光反卫星武器

20 世纪 70 年代，美国国防高级研究计划局牵头实施了第一个研制激光器的 IFX 计划，该计划包括三个技术子计划：①"阿尔法"（Alpha）计划，主要验证百万瓦级氟化氢化学激光器轨道飞行技术的可行性；②"大型光学演示实验"（LODE）计划，主要验证利用光束控制与瞄准技术；③"金爪"（Talon Gold）计划，主要验证捕获、跟踪与瞄准技术。在 20 世纪 80 年代末和 90 年代初，激光作战卫星各分系统的关键技术均已得到演示验证。"阿尔法"激光器由 TRW 公司于 1980 年开始研制，1989 年进行首次出光试验。图 2-21 为美国陆基激光反卫星武器。

图 2-21　美国陆基激光反卫星武器

2.1.6 扬眉吐气，美国人第一个登上月球

1961年美国总统肯尼迪宣称："谁能控制宇宙，谁就能控制地球。"美国为了控制宇宙，进而控制地球，加紧开拓和利用太空领域，发展经济和军事实力，以便在未来的太空作战中使其处于优势的战略地位，企图把美国边疆延伸到宇宙空间。

1961年5月25日，也就是美国第一个太空人成功进入太空20天之后，美国总统肯尼迪在国会联席会议上发表了题为《国家紧急需要》的特别咨文，宣布在60年代结束之前，美国将把人送上月球，并安全返回地面。从此，美国正式开始实施"阿波罗工程"计划。这个"阿波罗"载人登月计划虽然是美国与苏联竞赛的产物，但也可以认为是人类向太阳系扩张的第一步。

"阿波罗"载人登月工程开始于1961年5月，整个工程历时约11年，到1972年12月结束，耗资255亿美元。在工程高峰时期，参加工程的有2万家企业、200多所大学和80多个科研机构，总人数超过30万。它是20世纪人类最宏伟的工程之一，激动了无数人的心，使载人登月的千年梦想变成了现实。

为了进行载人登月，美国先实施了4个辅助计划，即在1961—1965年发射9个"徘徊者"月球轨道器，用以了解未来的"阿波罗"飞船在月面着陆的可能性；在1966—1968年发射5个"勘探者"月球着陆器，了解月球土壤的理化特性；在1966—1967年发射3个"月球轨道环形器"，对40多个预选着陆地点进行详细观测，从而选出10个登月点；在1965年至1966年发射2艘"双子座"飞船，进行生物医学研究和飞船机动飞行、对接及舱外活动训练等。

研制"阿波罗"飞船是该工程的"重头戏"。飞船的指挥舱是航天员生活和工作的地方，也是全飞船的控制中心；服务舱装有主发动机等系统；登月舱由下降级和上升级组成。

1969年7月6日，巨大的有40层楼房高的"土星5号"火箭（图2-22）在百万人的关注下缓缓升空。当"土星5号"把"阿波罗11号"飞船送入近地轨道后，"阿波罗"便开始独自飞向月球。

第 2 章　美国军事航天发展

图 2-22　110 米高的"土星 5 号"火箭

"阿波罗"飞船上载有 3 名航天员（图 2-23），指令长是阿姆斯特朗，登月舱驾驶员是奥尔德林，指令舱驾驶员是柯林斯。从地球到月球大约有 38 万 km，"阿波罗 11 号"飞船载着 3 名航天员经过 75h 的长途跋涉，于 19 日进入月球引力圈。20 日清晨，"阿波罗"到达月球上空 4900km 时，接到休斯敦飞行指挥中心命令：减速飞行，进入月球轨道。飞船服务舱发动机逆向喷射，进入远月点 313km、近月点 113km 的椭圆轨道，此时飞船绕月球一圈只需两小时。在月球轨道上，航天员们紧张地进行登月前的准备工作，其中最主要的一项是阿姆斯特朗和奥尔德林进入名叫"鹰"的登月舱，而柯林斯则仍留在称作"哥伦比亚"的指令舱中。登月舱的发动机被点燃，使它与指令舱分离。指令舱由柯林斯驾驶继续绕月飞行，而登月舱则载着两名航天员缓慢向月球飞行。当阿姆斯特朗看到窗外要降落的地方有乱七八糟的卵石时，便决定继续飞行，寻找平坦的地方。1969 年 7 月 21 日（美国东部时间）下午 4 时 17 分 40 秒，阿姆斯特朗和奥尔德林驾驶登月舱平安降落在月球"静海"的西南部，这是人类首次降落在月球表面的登月舱。

图 2-23 "阿波罗 11 号"登月的宇航员

7月21日22时56分,阿姆斯特朗打开登月舱舱门,挤出去,小心翼翼地把梯子竖下月面。然后,他带着电视摄像机慢慢走下梯子,23时12分,他踏上了人们为之梦想了数千年的月球,这时他说:"对我来讲这是一小步,而对于全人类而言这又是何等巨大的飞跃。"人们用惊奇的目光从电视上看到了第一个地球人踏上月球的情景。阿姆斯特朗感到无比幸福,贪婪地欣赏这块从未有过人迹的地外星球。他在叙述踏上月面第一步看到的景象时说:"月面是美丽的,仿佛上面铺着一层细细的炭粉,可以清楚地看到脚印。走路并不那么困难,比在地面模拟训练轻松多了。"

19min 后,奥尔德林紧跟阿姆斯特朗的步伐,走出登月舱。当他走到月面上时,第一句话就赞叹说:"啊,太美了!"两人首先在月球上放置了一块金属纪念牌,上面镌刻着:"1969年7月,这是地球人在月球首次着陆的地方。我们代表全人类平安地到达这里。"他们在月球表面竖立了美国国旗，采集了月面岩石标本，安放了月震仪和激光反射器，并进行了月面探测。

7月22日下午1时56分，阿姆斯特朗奉命指挥"阿波罗11号"飞船指令舱离开月球轨道，踏上返回地球的旅途。7月25日清晨2时50分，"阿波罗11号"飞船指令舱载着3名航天英雄平安降落在太平洋中部海面，结束了他们为期195小时18分35秒的月球航行（图2-24）。人类首次登月宣告圆满结束。

图2-24 "阿波罗11号"从海中救起

"阿波罗11号"首次登月后，1969年11月至1972年12月，"阿波罗号"飞船又进行了17次发射，7次为载人登月飞行，其中"阿波罗13号"飞船因故障中途返回地球，因此实际上只有6次实现了载人登月飞行，先后有12名航天员在月球上留下了足迹。航天员在月面上总共逗留了近300h，安置了月震仪等20多种自动测试仪器，收集并带回了427kg月面岩石和土壤标本。其中"阿波罗15号""阿波罗16号"从环月轨道上各发射了一颗环月运行的科学卫星；"阿波罗15号""阿波罗16号""阿波罗17号"的登月舱中还各带一辆月球车，用于扩大航天员的活动范围和减少航天员的体力消耗。这些均大大充实了人们对月球的认识。图2-25为宇航员Charles M.Duke及"阿波罗16号"的月球车。

图 2-25　宇航员 Charles M.Duke（a）及"阿波罗 16 号"的月球车（b）

"阿波罗"工程是当代规模最大、耗资最多的科技项目之一，推动 20 世纪六七十年代液体燃料火箭、微波雷达、无线电制导、合成材料、计算机等一大批高科技工业群体的发展。后来又将该计划中取得的技术进步成果向民用转移，带动了整个科技的发展与工业繁荣，其二次开发应用的效益，远远超过"阿波罗"计划本身所带来的直接经济与社会效益。

"阿波罗"登月计划的成功使美国在载人登月方面获得了世界第一，而苏联的载人登月计划因种种原因始终没有实现，只是向月球表面发射了无人探测装置。

▲ 2.1.7　军事潜力巨大，重金打造航天飞机

1972 年 6 月，尼克松政府正式批准了发展航天飞机的计划，并将这个计划作为美国 70 年代的重点航天计划。1979 年 3 月，第一架实用型航天飞机

"哥伦比亚号"在马歇尔宇航中心问世。1981年4月12日，第一架航天飞机"哥伦比亚号"，完成了发射前的组装和测试后，从肯尼迪发射场发射升空，开始它的首航。这次试飞成功，标志着美国航天事业的重大突破，也使美国在争夺太空这个战略制高点的道路上，迈出了具有决定性意义的一步。航天飞机尚未试飞之前，美国政府就赋予它明确的任务：首先满足国防部发射军用卫星和其他太空军事项目研究的需要。同年11月12日，"哥伦比亚号"在第二次试飞时，就安装了一部合成孔径雷达，后期，美国又利用航天飞机为美国国防部试验了多个具有战略价值的秘密装备。

但由于航天飞机的高昂造价、安全性和可靠性，美国停止了航天飞机项目。美国先后制造的6架航天飞机，除"企业号"从未飞上太空、"挑战者号"和"哥伦比亚号"先后失事外，"发现号"（图2-26（a））和"奋进号"航天飞机已分别于2011年2月和5月完成"绝唱"之旅。2011年7月，"阿特兰蒂斯号"航天飞机（图2-26（b））升空完成美国所有航天飞机的谢幕飞行。作为人类迄今建造的最复杂、功能最强大的多用途航天器，航天飞机不仅能由宇航员操作发射、捕捉卫星，还具有宇宙飞船不可比拟的运人载货能力，历史纪录单次最多载员8人，运送物资最重25t，其运载能力成了建设国际空间站的根本保证。

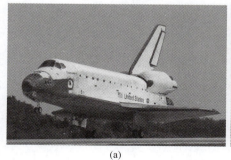 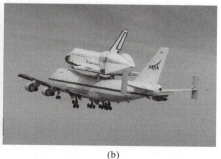

(a)　　　　　　　　　　　　　(b)

图2-26　"发现号"航天飞机（a）和"阿特兰蒂斯号"航天飞机（b）

2.2　军事航天的探索与形成

为了谋求与苏联竞争中的绝对优势，美国提出"高边疆"理论，以打破与苏联的核僵局，并提出"星球大战"计划，以拖垮苏联。

2.2.1 利用和控制太空,"高边疆"战略和"星球大战"计划

1. "高边疆"战略——利用和控制太空、夺取太空霸权

想胜人一筹,必须占据更高的据点。"高边疆"概念最早出现于 1980 年,系由当时担任里根竞选总统的国防顾问、美国国防情报局前局长丹尼尔•格雷厄姆首先提出。里根 1981 年上台不久,格雷厄姆在传统基金会的资助下,组建了"高边疆"研究小组,囊括了美国 30 余位著名的科学家、经济学家、太空工程师和军事战略家。该小组经过 7 个月的精心研究后,全面系统地提出了关于开拓和利用宇宙空间的总构想。这就是 1982 年 3 月 3 日公诸于世的《高边疆:国家生存战略》(图 2-27)。

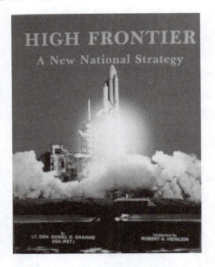

图 2-27 "高边疆"战略理论

"高边疆"战略是"太空战略"的首创和代表,是美国谋求 20 世纪 80 年代后以及整个 21 世纪内称霸全球的太空战略。该战略主要着眼于美国当时和未来的国家利益和安全,提出了美国必须首先开发并尽可能地利用和控制太空领域的战略构想,目的是夺取和确保美国的太空优势。

"高边疆"战略希望最大限度地利用美国的太空技术,实现下列目标:

(1)消除由于苏联军事力量所形成的对美国及其盟国现有和日益增长的威胁;

(2)用"确保生存"战略取代"相互确保摧毁"这种危险的理论;

（3）既提供安全又促进挖掘太空巨大的工业和商业的潜力。

为了实现"高边疆"战略，美国提出了"战略防御倡议"即"星球大战"和"太空工业化设想"两个计划。其中，"星球大战"计划由"洲际弹道导弹防御计划"和"反卫星计划"两部分组成，目的是发展一种多层次、多手段的弹道导弹综合防御系统和反卫星武器。而"太空工业化设想"计划则是美国在工业、商业和科学上开拓和利用太空的一项计划。美国认为，利用和开发太空能给美国带来巨大的经济利益。美国希望通过在经济上开发太空并实现其太空工业化的设想，在经济上不仅可以继续领先于苏联，还能继续主导西欧和日本，保持其在全球的经济霸权。

2. 美国"星球大战"计划

1983年3月13日，在美国全国电视节目黄金时刻的屏幕上，美国总统里根向电视观众发表了题为"战略防御倡议"（strategy defense initiate，SDI）的演讲，要求美国的科学家和工程师们研究出用于国土防御的反弹道导弹武器系统，以使苏联的弹道导弹失效。这就是美国政府当时提出的"战略防御倡议"，其中心内容是要在太空拦截并摧毁苏联战略弹道导弹和航天器。该倡议计划用时25年、花费1万亿美元，是一项跨世纪的宏大工程。里根的这一番讲话，不禁让人们联想到20世纪70年代的《星球大战》科幻电影，世人便形象地把"战略防御倡议"称为"星球大战"计划。显而易见，里根政府提出"星球大战"计划（图2-28）的直接目的，就是要从根本上摆脱长期以来与苏联进行的核军备竞赛所形成的"核恐怖"僵局，全面夺取对苏联的军事优势，牢牢掌握战略主动权。

图2-28 "星球大战"计划

从直接意义上看，美国提出"星球大战"计划，是想通过建造天衣无缝的太空防御武器系统,致使苏联的战略核武器"无用和过时",从而夺取对苏联战略优势;但是,从更深的角度观察,便不难发现,美国是想通过"星球大战"计划本身的实施,强行把苏联拉入这一需要雄厚经济实力和技术实力才能竞争的"星球大战"军备竞赛中,以此拖垮本来就因长期军备竞赛而在经济上捉襟见肘的苏联。

此外,里根提出"星球大战"计划,还有着重要的经济原因。"星球大战"属当代最高技术成果,而高技术往往会带来巨大的经济效益。据专家分析,虽然"星球大战"计划耗资巨大,但其产生的经济效益也将大得惊人,如:为研制武器装备新技术,美国需投资 250 亿美元,然而将这些开发出来的新技术、新器件、新工艺转化为民用技术,其经济效益可达 2500 亿美元,是投资的 10 倍。专家们估计,"星球大战"计划的实施,到 2000 年时,仅从卫星市场就可得到 250 亿美元的实惠。美国聚变能基金会研制部主任帕帕特·亨克曾说:"'星球大战'是一项基础广泛的重建世界的计划。由于采用'星球大战'技术,将使生产率提高几百倍……仅仅把强激光技术应用到工业上,生产率即可提高 100 倍。"可见,里根政府提出"星球大战"计划,既有政治目的(搞垮苏联),军事目的(确保生存),还有重大的经济目的(促进经济飞跃),可谓是一箭三雕。

"星球大战"计划的防御手段由两部分组成:①"洲际弹道导弹防御计划",就是建立一个以宇宙空间为主要基地的多层、多手段的非核全球防御系统,以拦截来袭的战略导弹;②"反卫星计划",即研制和部署天基与陆基结合的反卫星武器系统,以摧毁对方的卫星。

"洲际弹道导弹防御计划"采用三区四层防御部署,所谓三区是指远程作战区、中程防御区和低空拦截区;四层则是按照弹道导弹飞行弹道的不同阶段进行拦截而划分出的层次。第一层为助推段拦截层,即在弹道导弹发射后的助推阶段进行拦截。通过预警卫星探测敌方导弹在助推段发动机放射出的大量红外线,发现目标后立即向反导卫星发出指令,反导卫星在收到指令后,立即对来袭导弹进行识别,在确认是敌方导弹后,即击毁来袭导弹。第二层为末助推段拦截层,即对漏网的导弹在其刚刚完成头体分离后的末助推段进行拦截。在这层用部署在几千千米高度上的太空监视与跟踪卫星进行监视与探测,所使用的拦截武器基本上与助推段防御层相同,最理想的是定向能武器,但在计划初始阶段,主要用高速火箭动能拦截弹。第三层为中段拦截层,即对漏网的弹头及突防装置在其进入大气层前进行拦截。这一阶段导弹飞行时间约 10~15min,拦截时间比较充裕,但是,这时弹头数量多,且有真有假，不易识别。可采用电磁轨道炮或陆基激光武器以及其他非核反导弹武器，以碰撞杀伤等手段拦截中段的弹头。第四层为末段拦截层，即对再入大气层的弹头进行拦截。在这一飞行段，假目标、诱饵等在再入大气层时被烧毁，使真正的弹头暴露无遗，使得跟踪目标比较容易。然而，由于弹头从开始再入到击中目标只有1分钟左右，这又使拦截变得非常困难。末段防御层采用的监视、探测、跟踪系统，除了现有的地面雷达外，还可用舰载、机载的各种雷达、光学系统，可用反导导弹、动能武器、粒子束武器进行拦截。

这种多层次、多手段的防御体系，每层拦截率均为90%以上，总拦截率可达99.999%，几乎可以拦截全部来袭的导弹。如果苏联同时发射1400枚导弹，共带1400枚真弹头，那么最后只有1.4枚真弹头会落到美国本土。如果真能这样，完全可以使苏联的战略导弹"失效和过时"，从而可保证美国及其盟国的安全，使得美国3500个重要目标，在核袭击中安然无恙。从理论上讲，"星球大战"真是一个完美无缺、天衣无缝的太空盾牌。

除了"洲际弹道导弹防御计划"外，"反卫星计划"也是"星球大战"计划不可分割的部分。美国认为，卫星是军事斗争的重要耳目，随着卫星侦察通信技术的不断发展，军事侦察卫星、通信卫星等对传统的陆、海、空战场及太空战场的作战行动带来越来越重大的影响，摧毁敌方的卫星，对夺取主动和作战的胜利有着极为重要的作用。因此，美国十分重视反卫星作战的研究，并把"反卫星计划"纳入"星球大战"计划的重要组成部分。

据美国"战略防御计划"办公室主任詹姆斯·亚伯拉罕森介绍，美国的"星球大战"计划大体可划分为以下四个发展阶段：

（1）1983年3月23日—20世纪90年代初为研究阶段。在此阶段，主要是对各种反导技术和方案进行广泛深入的调查研究以及可行性论证，到90年代初，将由总统和国会作出是否进入工程发展阶段的决定。

（2）1995—2000年大致为系统发展阶段。当总统和国会决定进入系统发展阶段，美国便在这一阶段着手设计、制造及试验各种实际的防御系统组件的原型设备。

（3）2000—2010年大致为逐步部署阶段。在这一阶段，美国将在系统发展阶段基础上，对于那些基本成熟的武器系统开始逐步进行部署。各种防御系统都将按照顺序，逐步扩大部署。每增加一种防御系统的部署，都要与有效的、具有生存能力的进攻系统的部署结合进行，以增加威慑因素并减少核战争的危险性。

（4）2010—2015年大致为全面部署阶段。在这一阶段，"星球大战"计划的各部分的武器系统将全面成熟,美国开始进行全面部署,最终建成完整的防御体系。

3. "星球大战"计划缩水成"智能卵石"

"星球大战"计划轰轰烈烈地进行了七个年头后,1989年下半年,上任不久的美国总统布什突然宣布对"星球大战"计划进行重大调整,决定用"智能卵石"计划来修改"星球大战"计划,原因何在呢?

"星球大战"计划经过六年的论证试验,使美国人逐渐认识到,要建立一个规模宏大、天衣无缝的反导弹反卫星系统,在经济、技术以及政治、外交上都是十分困难的。首先从技术上讲,经过六年的实践,美国人认识到要实现"星球大战"计划所设想的四层防御系统,在技术上仍存在着严峻的困难:①尽管有许多武器的试验取得突破性进展,但与实战部署相距甚远,特别是定向能武器的研究遇到许多技术难题,其试验步伐严重滞后;②"星球大战"计划的四层防御系统易被对手采取反措施而被突破;③这四层防御系统自卫力、生存力都很低,很易被对方拦截摧毁。首先,从政治上看,在戈尔巴乔夫旋风般的"新思维"的冲击下,美国国内许多人认为苏联的威胁正在减小,近20~30年内苏联不大可能对美国发动大规模的核袭击,美国没有必要花费巨资营造这种庞大的超世纪工程。其次,从经济上看,"星球大战"计划的经济开支太大,在不远的将来,美国的财团们也看不到会从中得到什么看得见、摸得着的"实惠",因此,他们不希望把钱花在这个无止境的"空洞"中。于是,美国开始极力控制"星球大战"计划预算的审批。

基于上述原因,布什总统不得不对"星球大战"计划进行压缩规模、推迟进程的大调整,决定采用既经济又易实现的"智能卵石"(brilliant pebbles)(图 2-29)计划。

图 2-29 智能卵石

"智能卵石"实际上是一种集目标探测、跟踪、寻的、拦截等各种功能于一体的智能化的动能武器。据"智能卵石"计划首席科学家劳韦尔·伍德介绍说,"智能卵石"是弹头净重 2kg 左右、成本仅 10 万美元的天基拦截弹(1990 年 4 月,他又说真正实现的"卵石"每枚净重 45kg,价值 110 万～140 万美元)。将数以百计的"卵石"部署在环绕地球的轨道上,当敌方发射洲际导弹时,"卵石"上红外探测器就会发现导弹发动机喷射出的巨大火焰,拦截器便在计算机导引下进入目标的飞行轨道,将目标摧毁。

然而还未等到美国的"智能卵石"计划显出些许眉目,冷战就结束了,美国已投入数百亿美元的太空大战计划突然失去继续发展的对象和动力。到了 1993 年,克林顿政府终止了"智能卵石"计划。

▲ 2.2.2 冷战后反导为主,美国开始大力建设弹道导弹防御系统

1. 防御有限数量弹道导弹,老布什推行"应对有限攻击的全球保护系统"

1991 年 1 月 29 日,美国老布什总统在发表国情咨文时宣布,决定采纳国防部提出的"防御有限攻击的全球保护系统"(GPALS)方案,"战略防御倡议"的研究重点将转为防御有限数量的弹道导弹袭击。

美国之所以做出这一决定,主要是因为苏联解体后,美国面临的主要威胁不再是来自苏联的大规模核导弹攻击,而是来自未经授权和恐怖分子数量有限的导弹攻击,此外,美国对仍然拥有强大核武器库的独联体心怀忌惮,担心苏联局势逆转,因此,提出了一种以"战略防御倡议"第一阶段缩小版为基础的过渡性方案,仍然以防御有限核武器攻击为重点。

具体说来,防御有限攻击的全球保护系统由三部分组成:

(1)用于保卫美国本土的陆基战略防御系统,即"国家弹道导弹防御系统"(NMD),旨在抵御一场有限的弹道导弹袭击,以保卫美国本土。主要由天基与地基主要探测器、地基动能拦截弹(包括用于中段防御的"地基拦截弹"和用于末段防御的"大气层内外拦截弹"两种方案)以及地基指挥中心等组成。

(2)可在世界各地机动部署的战术与战区导弹防御系统部分,即"战区导弹防御系统"(TMD),旨在保护战场上的部队不受像海湾战争"飞毛腿"导弹那样的袭击。该系统可机动部署,其主要任务是对付类似于"飞毛腿"导弹这样的战术弹道导弹,以保护驻扎在美国本土以外冲突地区的美军及其盟军。

(3)原定的"天基全球导弹防御系统"。主要方案为在低地球轨道上部署

1000 枚"智能卵石"拦截弹、采用定向能技术和电磁炮技术等,主要用于拦截助推段或末助推段的远程战略弹道导弹,也有可能拦截射程大于 600km 的战区弹道导弹。

GPALS 与 SDI 计划相比,有许多方面的不同。在防御任务上,SDI 侧重防御苏联大规模核弹头袭击,GPALS 却要求防御数量有限的导弹袭击;在防御目标上,SDI 要求为美国本土提供全面对导弹的防御,GPALS 侧重对导弹发射和指挥中心提供点状防御;在防御方式上,SDI 重点以太空为基地,而 GPALS 重点以地面为基地;在防御手段上,SDI 以激光等定向能武器为主,GPALS 以反弹道导弹为主;在防御时机上,SDI 以助推段拦截为主,GPALS 以中段和地面再入段拦截为主。

2. 以战区防御为主,克林顿积极推进"弹道导弹防御系统"

克林顿执政后,美国政府根据冷战结束、苏联解体以及美俄关系改善等形势的变化,对弹道导弹防御战略进行了大幅调整。1993 年,美国政府陆续宣布,里根"星球大战"计划和老布什的 GPALS 系统结束,美国战略防御局(SDIO)正式更名为弹道导弹防御局(BMD),由 BMD 负责后续所有的"弹道导弹防御系统"(BMD)的研发管理工作。

克林顿政府的 BMD 计划主要以发展地基和海基防御系统为主,由三个部分组成:

1)战区导弹防御系统(TMD)

用于保护美国海外驻军和盟友免遭敌方弹道导弹的攻击,主要防御目标为中、短程战术弹道导弹,系统组成以陆基和海基导弹防御系统为主,主要由预警探测系统、"作战管理与指挥控制、通信和情报系统"(BM/C^3I)、拦截武器系统组成,其中,拦截武器系统包括:陆基的"爱国者"(PAC-2、3)系统、"中程增程防空系统"(MEADS)、"战区高空防御拦截系统"(THAAD),以及海基的"战区导弹防御系统"等。

2)国家导弹防御系统(NMD)

用于保护美国本土免遭敌人远程弹道导弹的攻击,主要防御目标是陆基和潜射的洲际弹道导弹,系统组成以陆基导弹防御系统为主,主要由预警探测系统、"作战管理与指挥、控制、通信"(BM/C^3)和陆基拦截武器系统组成。

3)更高级技术研发

包括天基系统在内的、难度更大、研发周期更长的导弹防御技术,为导弹防御系统的后续发展提供技术支持。

至此，美国导弹防御系统彻底完成了从冷战时期到冷战后的过渡。由于冷战结束后，美国本土遭受大规模弹道导弹攻击的威胁大大降低，所以，克林顿政府初期把发展 TMD 系统作为最优先的任务。

后来，在国会的压力下，克林顿在任内也开始积极推进 NMD 计划。1994 年 6 月，美国国防部成立了"弹道导弹防御体系办公室"，具体筹建 TMD 和 NMD 两个系统。同年 11 月，共和党在国会选举中获胜，成为参众两院的多数党，共和党要求在 2003 年部署 NMD。1996 年初，迫于共和党方面的压力，克林顿政府把 NMD 计划由"技术准备计划"改为"部署准备计划"，并为此制订了一个"3+3"计划。根据这一计划，将先用 3 年的时间研制出 NMD 系统，然后再用 3 年的时间进行部署，并于 2000 财年决定是否部署 NMD 系统。届时，如发现有针对美国的威胁而决定部署的话，那么在 3 年内，也就是 2003 年，将先在一处部署陆基拦截弹及有关武器，使其具备初始作战能力。倘若认为无须部署，继续对现有计划不断进行改进，发展和采用新技术，以备将来一旦决定部署，即可在 3 年内完成。

1999 年 10 月 2 日，NMD 首次试验成功。2000 年 1 月 18 日，美国国防部进行 NMD 系统第二次飞行拦截试验，但试验失败，拦截弹未能命中目标。2000 年 7 月 8 日第三次拦截试验又以失败告终。2000 年 7 月 26 日，美国国防部长科恩在国会参议院武装部队委员会的听证会上说，政府在 2005 年建成可靠的 NMD 系统的计划不够现实。2000 年 9 月 1 日，克林顿总统在乔治敦大学发表演讲时，宣布推迟部署 NMD 系统。

3. 合并战区和本土防御，小布什着手建立一体化分层的导弹防御系统

2001 年 1 月 21 日，美国新任总统小布什宣誓就职。小布什上台后，加快了研制和部署 NMD 系统的步伐，不再区分国家导弹防御系统和战区导弹防御系统，合并为一个一体化、分层的导弹防御系统（MD）（图 2-30）。2001 年 12 月 13 日，小布什单方面宣布退出《反弹道导弹条约》，为大刀阔斧地推行导弹防御计划扫清了道路。奥巴马上台后，继续开展反导武器研制部署。

美国现在的"导弹防御"（MD）系统具有多层次、全方位、覆盖全球的特点。所谓多层次，指该系统包括助推段、中段和末段三层防御；所谓全方位，指该系统实行地基、海基、空基、天基拦截相结合的全方位拦截。但实际情况是，迄今为止，美国具备了末段和中段初步防御能力，助推段防御系统还处于研制之中。

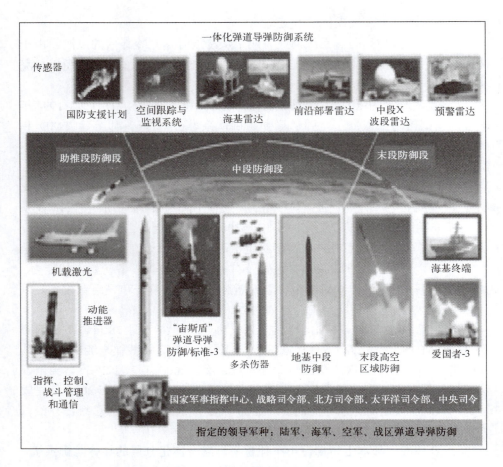

图 2-30 一体化弹道导弹防御系统

MD 系统的建设由"导弹防御局"（MDA）统一领导。由于弹道导弹的威力大、普及广、速度快、防御难度大等特点，建设 MD 系统的重点仍是弹道导弹防御（BMD）系统。BMD 系统由三大部分组成：导弹预警系统、预警 C2、作战管理和通信系统以及拦截武器系统。

导弹预警系统是一个一体化的传感器网络，主要由天基的红外探测系统和地/海基雷达系统构成。如果按照导弹飞行阶段来划分，可分为：助推段预警系统、中段预警系统以及末段预警系统。导弹预警系统充分利用部署在太空中的传感器持续的全球监视能力，并集成了地基和海基雷达的精确性，最大限度地发挥各种传感器的优良性能，提高该传感器系统的整体性能，有效地支持 BMD 任务。

作战管理和指挥控制系统主要由"指挥、控制、作战管理和通信"（C2BMC）系统、"作战管理、指挥、控制和通信"（BMC3）系统和全球性的预警通信网络组成。C2BMC 系统是整个 BMD 的核心、集成器和指挥控制系统，它通过通信网络把各个地理上分散的 BMD 分系统集成在一起，为分散在各地的指挥官提供相同的"单一综合弹道导弹态势图"（SIBMP），并协调武器部署的决策，使指挥人员能最有效地运用武器对各飞行阶段的来袭目标进行拦截，从而实现无缝分层的导弹防御。"作战管理与指挥、控制、通信"（BMC3）系统是美国原 NMD、现 GMD 系统的 C2 和作战管理系统，与 C2BMC 实现了互操作。

弹道导弹预警通信网络是一个全球性的通信网络，主要包括卫星通信系统、数据链通信系统、无线通信和地面通信网络。

拦截武器系统包括三大部分：助推段拦截武器系统、中段拦截武器系统和末段拦截武器系统。助推段拦截器包括原来的"机载激光器"系统、"天基激光器"系统和新增加的海基与天基动能拦截弹助推段防御系统，目前仍处于研制阶段。中段拦截武器系统主要包括"陆基中段防御系统"（GMD）和"海基'宙斯盾'反导系统"（SMD）两种。GMD 是一个固定、陆基导弹防御系统，最大拦截高度 1800km，最大拦截距离达 6400km，其目的是拦截攻击美国本土的洲际弹道导弹。SMD 以美国"宙斯盾"舰上的现有装备为基础，由改进的"宙斯盾"系统和新研制的、速度更快的"标准-3"（SM-3）动能拦截弹组成。末段拦截武器系统分为低空防御和高空防御两种类型。低空防御主要有"爱国者-3"（PAC-3）和"中程增程防空系统"（MEADS）。其中，PAC-3 对导弹目标作战距离 3～60km，作战高度 3～30km，已在世界多个国家进行了部署。MEADS 由美国联合德国、意大利合作研究，具有 360°全方位覆盖、即插即用导弹防御和协同作战能力，是目前世界上唯一能同时拦截 2 个不同方向目标的地面机动防空反导系统。末段高空防御主要是"战区高空防御拦截系统"（THAAD）。THAAD 属陆基部署，采用碰撞杀伤技术，最大拦截高度 150～200km，最大拦截距离 200km，能够对来袭导弹实施多次拦截。

2.2.3 空军率先成立航天司令部，陆海空各具航天实力

美国太空力量建设在发展过程中，受其国情与军情的影响，致使太空力量的组织结构庞大而复杂，一度形成了战略司令部统一指挥、空军一家独大、陆海空各具力量、情报界专门负责天基侦察监视的相对稳定的局面。

在航天发展初期，美军认识到航天技术具有极大的军事应用潜力。由于缺少统一的太空政策作指导，也没有专门的太空项目管理机构，因此美国陆、海、空三军各自进行航天技术研发，重点是开展运载火箭研制以突破进入太空技术。受苏联在1957年10月发射世界首颗人造地球卫星的刺激，美国于1958年组建NASA，展开与苏联的太空竞赛。NASA成立后接收了陆军和海军的大部分航天资产。1961年，美国国防部发布5160.32号指令，确定空军作为国防部军事航天计划的执行机构，负责采办军事航天系统。这一举措，致使美国空军取得了军事航天发展主导权。值得一提的是，冷战背景下，美国领导人认为军事化色彩太浓的侦察卫星会激起与苏联的矛盾，而且侦察卫星具有重要战略情报价值，所以将侦察卫星计划交予情报部门，由国家侦察局（NRO）负责，以利于在保密状态下运行。自此，美国形成了侦察卫星（国家情报部门管理）与通信、导航、预警和气象等军用卫星系统（国防部管理）分立的局面，一直延续至今。

进入20世纪70年代后，随着航天技术水平的提高，卫星的可靠性和工作寿命有了很大提高，侦察、通信、导航、预警等军用卫星系统从试验验证走入实用化阶段，服务于战略层面的航天系统具备在战役与战术层面应用的潜力。美国陆军在1973年成立陆军太空项目办公室，提出"国家航天系统战术开发"计划，发展各类地面应用装备，开发航天系统的战术应用能力。美国空军、海军也相继提出本军种的"国家航天系统战术开发"计划。1982年，美国空军率先组建航天司令部（图2-31）；1983年，美国海军组建航天司令部。为协调各军种分散开发的状况，美军在1985年成立联合航天司令部，以统筹各军种的"国家航天系统战术开发"计划。由于在20世纪80年代初，空军掌握了70%的军事航天资源和80%的军事航天预算，已经成为航天力量建设的主导军种，因此，联合航天司令部司令由空军航天司令部司令出任。

图 2-31　美国空军航天司令部徽章

美军航天力量长期由陆、海、空三军分别建设发展，战时联合运用。进入 21 世纪，美军航天力量运用转向重点支持战役战术行动，航天部队及其指挥体制也进行了调整。主要航天部队和航天装备逐渐向原本就占据最大比重的空军转移。陆军所属的航天部队主要执行陆基反导任务，海军航天部队只保留海上卫星通信等管理职能，而航天发射、航天测控、太空态势感知、太空攻防以及导航卫星、预警卫星和绝大部分通信卫星的管控都集中到空军航天部队，美国国家侦察局则继续掌控所有军用侦察卫星。美国空军成立航天司令部后，空军将分散在空军各司令部下的航天资源归并到空军航天司令部进行统一管理，使空军航天司令部具备管理卫星采办、发射和运行控制等任务的多种职能。

▲ 2.2.4　战略司令部成立，集中指挥航天力量

美国国会于 2001 年发布"国家太空安全组织与管理评估报告"，提出"必须提升太空在国家安全中的战略地位"，建议从太空管理机构改革入手来优化美军太空力量的作战指挥。2002 年，空军航天司令部司令不再兼任联合航天司令部司令，并将联合航天司令部并入战略司令部（图 2-32），由新的战略司令部统管三军航天司令部，全面负责美军太空力量的指挥。这次机构调整的目的是，加快信息使用效率、减少信息处理的中间环节，以更好地支持从战略到战役、战术军事行动中的决策与指挥。

图 2-32 美国战略司令部徽章

2005 年 1 月,为了将工作重点集中在战略层次上,美国战略司令部将部队战役和战术层次的计划、部队执行和日常管理授权给了其下属的若干个联合职能分司令部(JFCC)。2006 年 7 月,美国战略司令部宣布将"太空和全球打击联合职能部门司令部"一分为二,分别成立"太空联合职能分司令部"(JFCC-SPACE)和"全球打击联合职能分司令部"(JFCC-GS)。JFCC-SPACE 成为美军协调、计划和管控太空军事行动的核心机构。JFCC-SPACE 的首要使命是"确保美国在太空的行动自由,同时阻止对手利用太空威胁美国。"JFCC-SPACE 接受美国战略司令部的直接指挥,主要负责在战役层上规划太空作战,具体包括协调、计划、集成、同步、执行和评估太空作战行动,支援国家、战略司令部和战区指挥官的具体目标。

在联合作战中,战略司令部是太空作战相关事宜的唯一联络机构,指挥协调航天力量满足联合作战对太空支援的需求,制定并负责执行太空作战任务规划。战时,战略司令部根据需要可将航天力量指挥权转交给战区指挥官,负责战区内联合太空作战的规划、集成和协调。战区指挥官可任命太空协调官,负责联合太空作战规划,协调太空力量对联合军事行动的作战支援。

当时,美军航天力量体系如图 2-33 所示。

第 2 章　美国军事航天发展

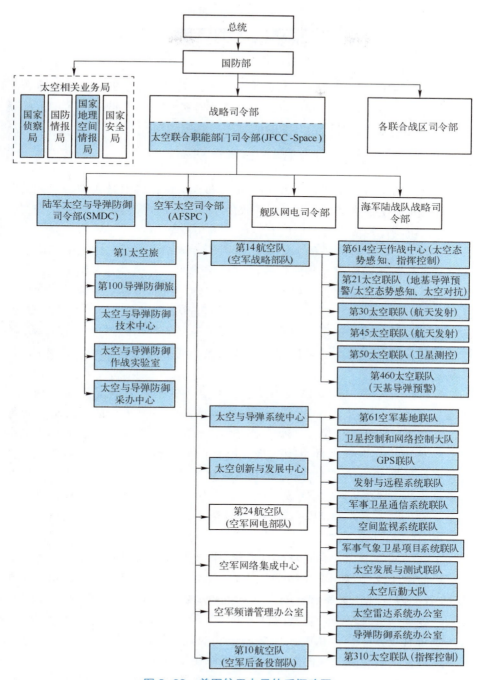

图 2-33　美军航天力量体系概略图

2.3 军事航天的运用与完善

自海湾战争中打了第一次真正的太空战，美国在随后的科索沃战争、阿富汗战争、伊拉克战争、利比亚战争、叙利亚战争，乃至俄乌冲突中，都成功应用了航天力量，对航天力量的依赖程度越来越深。

▲ 2.3.1 海湾战争，打响第一次真正的太空战

1991年1月17日至2月28日的海湾战争，可称得上是人类历史上第一次具有真正意义的太空战。航天力量始终活跃在战争舞台上，对战争进程产生了巨大影响，为多国部队的胜利做出了重大贡献。

战争中，以美国为首的多国部队使用了各类军用卫星，由它们构成的天基侦察监视、通信保障、导航定位、气象保障四大系统，为多国部队提供了全面的侦察、通信、预警、导航、气象等保障，从而使巡航导弹精确命中目标，使大批的舰队安全顺利航行，各种飞机准确飞行。由于航天系统的支援，多国部队对伊拉克的军事和战略目标进行了精确的打击。而伊拉克军队由于得不到有效信息，地面通信指挥系统被摧毁，战斗力很快瓦解，遭到彻底的失败。

战后，美军在总结海湾战争的经验时认为：航天系统无论是在战略行动还是在战术行动上，都已成为现代作战体系中不可缺少的一部分。美军上将托马斯·S.穆尔曼说："'沙漠风暴'行动是太空军事应用发展史上的分水岭，是第一次在军事冲突中实现太空系统的综合运用，并对战争的结局起到了关键性的影响。"美国海军中将威廉·多尔蒂指出："到1991年2月战争结束后，人们已普遍认识到航天力量的支援是军队联合作战行动中的一个关键的、有价值的、必不可少的因素。基于这种认识，海湾战争应被称为第一场太空战争。"

在这场战争中，以美国为首的多国部队动用了70多颗卫星、118个机动卫星地面站、12个商用卫星终端、81台交换机、329条话音线路、30条文电线路、3万种无线电频率和4万台计算机，建立了一个庞大的天基信息获取、传输、处理与分发系统，首次向世人展示了航天力量强大的信息支援能力，对战争进程产生了巨大影响，为多国部队的胜利做出了重大贡献。图2-34为海湾战争期间美国卫星拍摄的伊拉克战车集结位置。

在海湾战争中，太空作战最精彩的一幕要数通过预警卫星拦截"飞毛腿"

导弹。海湾战争爆发后，伊军为使以色列卷入战争，分化和瓦解多国部队的联盟以及威胁多国部队的后方，不断用"飞毛腿"导弹袭击以色列及多国部队的后方，造成很大的破坏和伤亡，使得以色列和美军人心惶惶，给多国部队造成极大的心理压力。

图 2-34 海湾战争期间美国卫星拍摄的伊拉克战车集结位置

为安定以色列的人心和稳定多国部队的军心士气，美军决定用"爱国者"导弹拦截"飞毛腿"导弹。可是，"飞毛腿"导弹的全程飞行时间只有 7min 左右，并且发射前通常是隐蔽在工事内，发射后发射架立即转移阵地，很难发现。"爱国者"防空导弹的最大射程只有 72km，其雷达发现目标距离只有 80km。当雷达发现"飞毛腿"导弹来袭后，预警时间只有 30s 左右，很难进行有效拦截。为了及时发现来袭的"飞毛腿"导弹，给"爱国者"导弹提供更多的预警时间，美军使用 2 颗预警卫星监视伊拉克的"飞毛腿"导弹。这种卫星上安装有 6000 个红外波探测器，只要"飞毛腿"导弹一发射，它们就能立即探测到"飞毛腿"导弹的尾焰，马上将信息传达到设在澳大利亚的地面卫星接收站，同时经过通信卫星传送到美国本土的北美航空航天司令部夏延山指挥中心。两地的电子计算机把"飞毛腿"导弹发射数据同已知的"飞毛腿"导弹发射红外特性和可能的弹道数据加以比较，然后再利用来自预警卫星的数据确定弹着点，也就是确定"飞毛腿"导弹将要落到的地方；再经过卫星将处理好的信息传送到利雅得的中央司令部前线指挥中心和"爱国者"防空导弹中心，这两个中心控制和引导"爱国者"导弹拦截"飞毛腿"

导弹,并将"飞毛腿"导弹的发射阵地坐标通报给正在巡逻的作战飞机,命令作战飞机立即赶在"飞毛腿"导弹发射架转移或掩蔽之前将其摧毁。整个拦截过程虽然只有短短的 4~5min,但始终是在预警卫星的引导和通信卫星的协助下进行的,卫星发挥了关键作用。因此,有人又把拦截"飞毛腿"导弹的作战称为"名副其实的太空战"。

▲ 2.3.2 伊拉克战争,天基信息支援日渐成熟

2003 年 3 月 20 日,美国以推进反恐和迫使伊拉克放弃大规模杀伤性武器为由,在未获得联合国武力解决伊拉克问题授权的情况下,联合英国等多个国家对伊拉克发动战争。

伊拉克战争中,美军通过"斩首"行动、"震慑"行动、"斩断蛇头"等一系列空袭行动,重点对伊拉克的指挥系统中的重要军政目标、指挥信息系统、通信设施等进行空袭,造成伊拉克全军整体指挥中断,伊军很快就变成了一盘散沙、各自为战,美英联军只用了 42 天就结束了主要作战行动。

这种速战速决的战争理念之所以能够实现,与美军强大的天基信息支援能力不无关系。早在 2002 年初,美军就开始酝酿对伊拉克的作战计划,到 2003 年 1 月,最终形成了代号为"1003"的作战计划,并在战争开始后不断修订和完善。在制订作战计划的过程中,美军高层决策者产生了激烈的争论:在用兵规模上,国防部部长拉姆斯菲尔德要求投入的最高兵力不超过 15 万(即地面部队为 1 个机械化步兵师、1 个海军陆战队远征部队、第 101 空中突击师和其他轻型部队,其余的则主要是空中力量和特种部队),而中央司令部的军官们则认为需要 5~7 个重型师以及更多的支援部队;在作战进程上,原计划先进行 20 天的空袭,后来变为 10 天、5 天、3 天;在战法问题上,拉姆斯菲尔德等主张运用"快速决定性"战法,以轻型部队实施快速推进,直奔伊拉克的心脏巴格达,同时空中力量实施"震慑"行动,而另外一些人则主张采取比较保守的战法。由于航天侦察与预警装备、卫星通信装备、全球定位系统以及国防信息基础设施等电子信息装备为美军提供了强有力的不对称信息优势,最后确定的作战计划主要体现了拉姆斯菲尔德的思想,即地面主要使用特种部队和轻型地面部队;空袭、特种作战和地面作战同时展开;预定战争发起时间和空袭发起时间均为 2003 年 3 月 19 日下午 1 时(美国东部时间),地面进攻在空袭发起 9h 后展开。当然,后来由于土耳其拒绝美英联军使用其领土进攻伊拉克以及其他方面的原因,"1003"作战计划在战争开始后还在修订和完善。

第 2 章　美国军事航天发展

在这次战争中，美军利用太空系统提供信息支援的能力日渐成熟，太空系统身处"高边疆"所提供的全球性侦察监视、预警、通信、定位导航、战场环境等信息服务，支持了新的作战理论——"网络中心战"的发展和成熟，使地理上分散的作战力量通过信息网络集成为一个整体，真正实现了信息共享、力量联合和作战协同，大大提高了美军的作战效能。据统计，美军 70%以上的通信、80%以上的情报侦察与监视、90%以上的精确武器制导、几乎 100%的气象预报都依赖航天系统。图 2-35 为美国国防部提供的萨达姆国际机场俯视图。

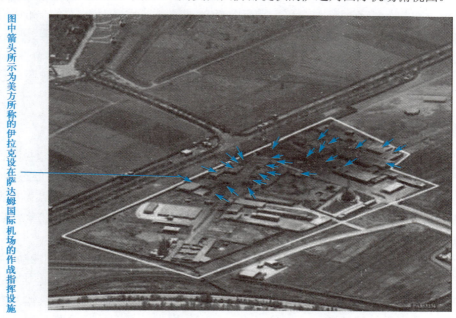

图中箭头所示为美方所称的伊拉克设在萨达姆国际机场的作战指挥设施

图 2-35　美国国防部提供的萨达姆国际机场俯视图

在战前准备过程中，美国国家侦察局（NRO）和美国国家图像和测绘局（NIMA）就通过调整在轨卫星轨道、补发新卫星、部署多套卫星应用装备、购买商用卫星图像等方式，进行了密集、周全的调整和部署，到作战规划阶段时，美军已经对伊拉克全境内的 5 万多个目标进行了排查，为后续作战行动的顺利进行打下了坚实的基础。在战争进行期间，美军共获得了 42000 幅战场图像、提供了 2400h 信号情报、3200h 视频情报、1700h 的移动目标指示情报，这些重要的情报为美军精确掌握战场态势、掌控作战节奏提供了重要的支持。此外，由于信息系统与作战系统的高度一体化，在这次伊拉克战争中，美英联军从发现目标到实施远程精确打击整个过程所需要的时间最短可在几分钟内完成（海湾战争为 3 天，科索沃战争为 101min，阿富汗战争为 19min）。海湾战争，美军对付一个目标要出动 16～18 架飞机，而这次伊拉克战争仅用一架飞机就足够了；海湾战争，一艘搭载 72 架作战飞机的航空母舰每天可以打击 62 个目标点，而这次伊拉克战争，一艘航空母舰打击的目标数增加了 4 倍。

然而，任何事物都有正反两面性，正因为航天力量的作用如此之大、美军对太空系统的依赖如此之高，所以，太空对抗开始显露端倪。伊拉克针对美军航天装备的薄弱环节，采取了针锋相对的"非对称"对抗措施，如使用 GPS 干扰装置干扰美军 GPS 制导武器和飞机导航，利用沙尘暴、烟雾等遮蔽美国侦察和干扰美国制导武器，分散部署兵力规避美国卫星侦察和精确打击，使用光纤通信和书面命令进行指挥、控制和通信，设置假目标、发射假信号来欺骗和迷惑敌人等，取得了一定的效果。

▲ 2.3.3　利比亚战争，天基信息支援从战略向战术发展

2011 年 3 月开始的利比亚战争是继阿富汗和伊拉克战争之后美国主导的一场规模不大但信息化程度很高的局部战争，战争的准备、发起和进展过程，航天系统发挥了巨大的战略支撑和战术保障作用，有效支持了多国部队的战略与战役决策，保障了精细任务筹划和实时指挥控制，堪称利比亚战争背后的一支"太空奇兵"。

战前，高分辨率卫星图像及时地反映出利比亚内战最新进展及难民的最新情况，为联合国安理会对利比亚局势的判断提供了有力支持。以美国为首的北约在对军事行动需求进行充分评估的基础上，对既有的太空力量体系进行了充实调整，构建起了由成像及电子侦察、海洋监视及导弹预警、指挥通信、导航定位、气象观测等卫星系统构成的太空支援体系，并利用民用卫星系统在个别领域进行功能性补充。此外，根据作战的需要，利用快速进入太空能力补充发射数颗卫星。

在战场信息获取方面，多国部队通过航天成像侦察、航天电子侦察手段，辅之以特种侦察和网络侦察手段，对利比亚境内的战略目标体系结构、重要目标分布、防空体系构成及部署、指挥控制关系、通信手段及频率分布情况进行全面的侦察（图 2-36）。战争进行过程中，多国部队通过航天电子侦察与航空电子侦察相结合的手段，联军提前确定利比亚地面部队与防空火力的部署情况，并能对空袭打击的效果进行评估，便于指挥人员确定作战方案，最高效率地打击敌方有生力量，并在最大程度上减少不必要的损失。

第 2 章　美国军事航天发展

图 2-36　伊科诺斯卫星拍摄的利比亚遭轰炸后军用飞机在跑道上燃烧

在战场信息分发方面，多国部队的作战行动在正面宽 1100 余千米、纵深 600 余千米的广阔区域内展开；空中力量分别部署在距战区 700~2800 余千米范围内近 20 个机场及航空母舰上，指挥控制的各种信息通过大范围、高速度、大容量、高保密性的卫星通信系统实时分发，在多国部队内部实现数据共享，为各种作战力量及攻防作战行动的整体联动提供有力支持。美国已形成由宽带系统、窄带系统和防护系统所组成的军用卫星通信体系，"国防卫星通信系统卫星"和"特高频后继星"等系统均已实现全球覆盖，而法国的"叙拉古"军用通信卫星也将地中海地区作为主要覆盖区域之一。

在导航定位方面，空中精确打击所需要的导航定位信息全部由太空力量提供，精度小于米级的定位信息确保了对城区目标进行空地精确打击时有效控制附带损伤。"战斧"巡航导弹具有 GPS 联合制导功能，可通过美国 GPS 卫星导航系统实现对预定目标的精确打击。另外，英国"狂风"战斗机装备的"风暴之影"防区外空地导弹和法国的"阵风"战斗机搭载的炸弹，也需要依靠 GPS 系统实现制导。除了巡航导弹等武器进行精确制导外，GPS 系统还要全面负责向所有军用陆地、水面、航空武器装备，以及作战人员提供全天候的实时定位与授时服务。在多国联合空袭作战中，各国空军部队之间作战时间的统一及联合打击行动的协调工作，也都离不开 GPS 系统的支持。

整个利比亚战争中，太空力量为多国部队提供了 80% 的情报信息，帮助其实现战场单向透明，牢牢掌握战场主动。在有预先情报准备的区域内，美军掌握战场动态情况并完成属性识别的时间小于 5min。太空力量高效支持了从发现、识别到打击、评估的空中精确打击链。对从苏尔特出逃的卡扎菲进行的打击行动,就是由太空侦察系统掌握动态情况,并引导战机和无人机进行阻滞打击的成功战例。

2.3.4 叙利亚战争,天基信息支援下的战术作战行动

2017年4月6日,美国发射59枚"战斧"巡航导弹攻击了叙利亚沙伊拉特军用机场。这是一次典型的天基信息支援下的战术作战行动,天基信息支援力量为战前信息获取和任务规划、战时通信导航保障以及战后作战效果评估提供了准确、高效、可靠的信息支撑(图2-37),再一次向全世界展示了以天基信息为先导的现代化战争形态,也再一次证实了天基信息支援力量是高技术信息化战争中不可或缺的体系要素。

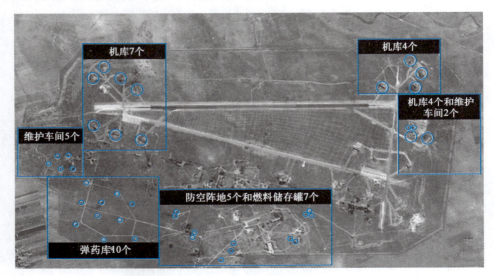

图2-37 卫星遥感影像支持打击效果评估

在此次战术行动中,无论是任务规划、武器引导,还是作战效果评估,天基信息应用无处不在,并在关键环节发挥了重要作用。在作战方案制订阶段,成像侦察、电子侦察、测绘、气象等卫星,为"战斧"巡航导弹的飞行路线规划和作战时机选择提供了全面、准确的辅助决策信息,大幅度降低了行动风险;在行动实施阶段,导航卫星、通信中继卫星为战斧巡航导弹提供了精确、及时的定位与导引信息,并保障了作战数据链的实时互联互通,为完成作战任务提供了核心支持;在作战效果评估阶段,成像侦察卫星提供了准确的目标毁伤效果信息,为此次作战行动的最终作战效果评估提供了直接

依据；其间，通信中继卫星为第二波次加强打击提供了即时信息传输保障。此外，美国两大情报部门密切配合，为此次作战行动方案的制定及效果评估提供了全程天基情报保障。国家侦察局（NRO）利用独立的卫星运控站和数据中继卫星系统（SDS）管理在轨侦察卫星，完成成像侦察卫星、电子侦察卫星的需求收集、规划制定和运行控制；国家地理空间情报局（NGA）负责处理卫星图像信息，并制作地图、形成图像情报产品，供作战部门行动决策。

▲ 2.3.5 军事需求牵引，各类军用卫星系统大规模升级换代

20世纪末以来，鉴于各种军用卫星系统在战争中的作用越来越显著，美国开始大力发展新一代卫星系统，尤其以卫星侦察、卫星通信、卫星导航等系统发展最快。据统计，截至2022年1月，美国在轨卫星近3000颗，其中军用卫星230余颗，数量居全世界之首。美军已初步建成和使用满足战略和战术应用要求、以战术应用为主的军用卫星系统，提高直接支援部队作战的能力，同时美国商业卫星也迎来了发展高潮。美军不断提高其太空力量的作战融合能力、强化太空力量的战役战术应用，主要包括提高杀伤链的反应时间、提高与各种作战力量的联合程度、提高各作战环节的衔接与并行展开能力等内容。以卫星侦察监视系统为例，成像侦察、电子侦察将综合集成，全谱段、多手段的侦察信息将进一步融合，系统的成像分辨率、定位精度、覆盖性、时效性等将进一步提高。多型号尤其是综合型卫星应用装备不断面世，航天装备战术应用效能将得到更大发挥。通过卫星应用装备将航天能力转化为战役战术应用能力，实现航天力量与各种军事力量的融合将是未来发展的重点。通过与作战行动的有效融合，美军航天信息支援能力将有力推进其联合作战能力的全面提升。美国马不停蹄地以大量新技术和新装备替换老旧的太空系统。

1. 光学、雷达、电子侦察卫星，查得越来越清晰

美国在20世纪末开始了新一代侦察卫星研制工作。现役新型军用成像卫星主要包括KH-12光学侦察卫星（图2-38）、未来成像体系结构等。

KH-12卫星于1990年2月发射首颗卫星，2013年8月发射了第七颗卫星，是目前美军成像侦察的主力。KH-12卫星发射质量超过15t，干重约10t，燃料承载能力约5000～7000kg，由于可携带燃料比KH-11卫星有了明显的增加，使得KH-12卫星的工作寿命、机动能力都有了较大幅度的提高。KH-12卫星采用反射式卡塞格伦（R-C）光学系统和自适应高分辨率光学CCD成像系统，相机口径约为3m，拍摄速度约为8～12幅/min。卫星采用自适应光学成像技术，可在计算机控制下随观测视场内环境的变化灵活地改变主透镜表

面曲率，从而有效地补偿大气影响造成的观测影像畸变。KH-12 卫星空间分辨率在可见光谱段最高可达 0.1m，红外谱段空间分辨率为 1~2m。KH-12 卫星的燃料用完后可由航天飞机进行在轨加注，因而其机动变轨能力很强。

图 2-38　美国 KH-12 型锁眼侦察卫星

"未来成像体系结构"（FIA）是美国国家侦察局于 20 世纪末提出的一项美国下一代成像侦察卫星星座的计划，目的是使用一些质量轻、反应快的光学和雷达成像卫星组成星座，取代现有的巨型 KH-12 系列卫星和"长曲棍球"卫星（图 2-39）。1997 年，FIA 项目启动并发布了项目招标书，波音公司中标，但波音公司 FIA 项目出现了持续大幅超支、进度延误、关键技术无法解决等问题，2005 年 9 月，美国国家情报办公室主任约翰·内格罗蓬特取消了 FIA 项目的光学成像侦察卫星部分。2005 年 FIA 项目重构后，计划使用 4 颗体积小、重量轻、功能强的雷达卫星组成星座以替换服役长达 24 年之久的"长曲棍球"系列卫星。2013 年 12 月，美国国家侦察局成功部署了第三颗"未来成像体系"雷达卫星。

图 2-39　美国"长曲棍球"雷达成像侦察卫星

美国的电子侦察卫星有高轨道和低轨道两类。目前现役的高轨道电子侦察卫星有"高级漩涡/水星""高级奥里恩/门特""高级喇叭"等，这些卫星主要负责收集通信情报或电子情报。低轨卫星主要是"天基广域监视系统"海洋监视卫星，用于探测和监视海上舰船、潜艇活动。2016年6月，美国将一颗 NROL-37 侦察卫星送入轨道。NROL-37，也就是"引导者-6"卫星，是 1995 年以来发射的"先进猎户座"系列中的第六颗卫星，上一颗该系列卫星的发射是在 2010 年。"先进猎户座"系列卫星属于"美国国家侦察局"所有，主要设计功能包括对船舶、飞行器、地面信号源甚至太空中其他卫星信号的监听。卫星将采集的信号情报加密并下传至美国国家侦察局和国家安全局用于情报分析。2022 年 2 月，美国国家侦察局使用太空探索公司（SpaceX）的"猎鹰 9"火箭，从范登堡天军基地将机密侦察卫星发射至高度 512km、倾角 97.4°的太阳同步轨道，任务代号 NROL-87。

2. 地球静止、大椭圆、低轨道预警卫星，反应越来越快

冷战期间，美国发展的预警卫星为"国防支援计划"（DSP）卫星（图 2-40），DSP 卫星在海湾战争中暴露出了反应速度慢等缺点。1995 年美国决定研制下一代预警卫星"天基红外系统"（SBIRS）（图 2-41）。SBIRS 卫星使用地球静止轨道（GEO）和大椭圆轨道（HEO）两种轨道。其中 HEO 以预警载荷包的形式搭载于国家侦察局所属的电子侦察卫星之上。

图 2-40 "国防支援计划"卫星

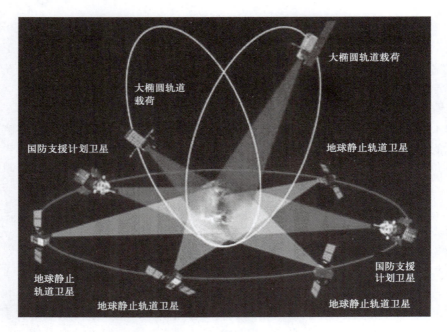

图 2-41　天基红外系统

6 颗 SBIRS GEO 已分别于 2011 年、2013 年、2017 年、2018 年、2021 年、2022 年发射入轨。SBIRS GEO 卫星采用洛克希德·马丁公司的 A2100 卫星平台，发射重量 4500kg，太阳电池阵功率约 2800W，设计寿命 12 年。卫星采用了两种协同工作的红外探测器，即一个用于大范围监视的扫描型红外探测器、一个用于小范围跟踪的凝视型红外探测器。扫描型探测器用于快速搜索目标；发现目标后，用凝视型探测器进行高精度监视，获取导弹发射和飞行的详细数据。SBIRS GEO-1 卫星入轨后进行了大量测试验证和评估，测试表明：SBIRS GEO-1 能辨识的目标比预期目标暗 25%，精确度超过预期 60%，有效载荷指向精确度超过预期 9 倍，性能满足或超出了美军预期。

除高轨卫星外，美国还在 2009 年 9 月发射了 2 颗"太空跟踪和监视系统"（STSS）卫星（图 2-42）。STSS 最早作为 SBIRS 的低轨部分，称 SBIRS-Low，用于跟踪中段和末段的导弹及分弹头、区分诱饵并向拦截系统实时传送来袭目标的飞行数据。STSS 卫星配置了一台宽视场的捕获传感器（扫描型，短波红外）、一台窄视场的跟踪传感器（凝视型，多频段），入轨后的 3 年多时间里参与了多次独立测试，以及与"宙斯盾"等其他导弹防御系统的联合测试，取得了丰硕成果，成功验证了 STSS 传感器对导弹飞行全程的立体跟踪、传感器自动交接、识别弹头和诱饵、引导拦截器实施拦截等关键能力。2022 年 3 月 14 日，美国导弹防御局（MDA）宣布，2 颗运行了 12 年之久的太空跟踪和监视系统（STSS）卫星于 3 月 8 日正式退役，已将其转移到安全轨道。

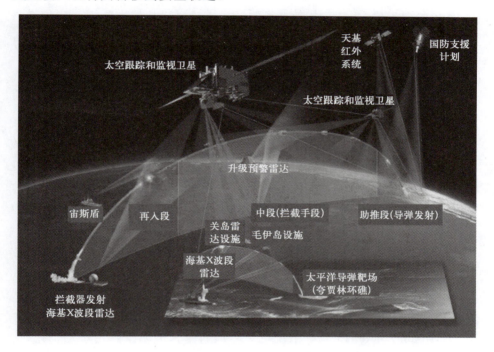

图 2–42　STSS 卫星可全程跟踪洲际导弹

2018 年 5 月，美国空军宣布将向洛克希德·马丁公司和诺斯罗普·格鲁曼公司签发两份独家采购合同，以开展"下一代过顶持久红外"（next generation overhead persistent infrared program，NG-OPIR）导弹预警卫星项目，接替现有的"天基红外系统"（SBIRS）。NG-OPIR 是美军新一代高轨预警卫星发展项目，与 SBIRS 系统相比，OPIR 系统包括导弹预警、导弹防御、技术情报收集、战场态势感知以及民用/环境任务 5 个任务领域。项目中，美军通过引入多家竞争机制，并采用"成熟卫星平台+注重传感器技术"的研制思想，着力构建开放式、有弹性的天基导弹预警体系，以确保"到21世纪20年代中期前，提供能够在'对抗条件'下生存的导弹预警能力"。其中，洛克希德·马丁公司将负责静止轨道（GEO）卫星项目，以"定义技术需求、形成初步设计、确定和采购一颗在 GEO 上运行的卫星所需的飞行硬件"。诺斯罗普·格鲁曼公司将负责极轨（HEO）卫星项目，以定义极轨系统技术需求。美国在 2019 财年预算中，空军为 NG-OPIR 项目提供了 6.43 亿美元的经费支持，以加快发展下一代导弹预警卫星。同时取消对"天基红外系统"（SBIRS）GEO-7 和 GEO-8 的投资，SBIRS 项目后续发展资金也大幅减少。根据所发布的招标前意向通报，NG-OPIR 系统将包括 3 颗 GEO 和 2 颗 HEO 卫星。首颗 GEO 卫星拟在 2023 年发射，首颗 HEO 卫星拟在 2027 年发射，而称为"block 0 架构"的整个系统则将在 2029 年完成组网。

未来的预警卫星系统通过发展多光谱、高光谱与超光谱传感器技术，数字化星上数据处理技术，宽视场扫描式短波红外传感器信息捕获技术，窄视场凝视阵列中长波红外和可见光传感器跟踪技术等，从而提高卫星的预警时效和加强探测、识别、跟踪能力方向发展，预警能力从战略预警向战术预警方向延伸。

3. 抗干扰、窄带、宽带通信卫星，越来越可靠

自从 21 世纪初以来，美国大力发展军用卫星通信系统，目前基本实现了主要军用卫星通信系统的升级换代。

首先是用先进极高频（AEHF）卫星（图 2-43）替换上一代的"军事星"（Milstar）。AEHF 卫星系统是美军最新一代战略战术卫星通信系统，可为美军提供高度安全、抗干扰的通信服务。AEHF 全球星座由 6 颗 GEO 卫星组成，为全球南北纬 65°以内地区的用户提供全天时受保护通信服务。AEHF 卫星采用洛克希德·马丁公司的 A2100 商业通信卫星平台，发射重量约 6.1t，入轨重量约 4t，高 9.45m，太阳帆板展开后的轴长 29.87m，设计寿命 14 年。AEHF 卫星共装载了 14 部各种型号的通信天线，单星通信容量由"军事星"的 40Mb/s 提升到了 430Mb/s。AEHF 卫星通信系统目前能够提供各种机载、舰载、车载和单兵便携终端，可以在任何时候为美军提供全球范围的安全军事通信服务。2010 年，首颗 AEHF 卫星成功发射，最后一颗 2020 年发射入轨，迄今在轨 6 颗。

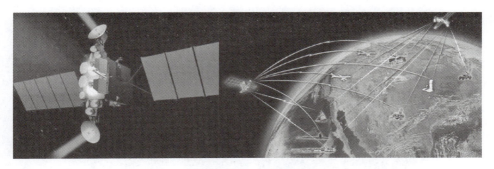

图 2-43　AEHF 示意图

其次是用"宽带全球通信卫星"(WGS)(图 2-44)替换上一代的"国防卫星通信系统"(DSCS)。WGS 是美军最新一代宽带卫星通信系统,可为美军提供全球大容量通信服务,支持空基信息传送。WGS 卫星使用波音 702HP 卫星平台制造,发射重量 5.9t,太阳帆板展开后轴长达 40.8m,太阳能电池功率 9934W,设计寿命 14 年。WGS 使用 Ka 和 X 频段通信,共有 19 个天线波束,卫星的数传速率高达 1.2~3.6Gb/s,通信能力是 DSCS 卫星的 10 倍。首颗卫星于 2007 年 10 月 11 日发射,2019 年 3 月,第 10 颗"宽带全球通信卫星"顺利发射并传回首批信号。

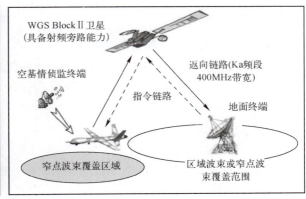

图 2-44　WGS 卫星及其链路

最后是用"移动用户目标系统"(MUOS)(图 2-45)替换"UHF 后继星"(UFO)。"移动用户目标系统"是美国新一代军用窄带战术通信系统,用于给美军及盟军的机动部队提供移动通信服务,其"动中通"能力能为所有作战环境下高机动部队的指战员提供更大的窄带通信容量。MUOS 卫星通过 16 个定点波束对地面实施覆盖。每个定点波束复用 4 个 5MHz 的 WCDMA 射频载波。MUOS 卫星提供的总数据率可达 42Mb/s，是 UFO 卫星的 10 倍以上。2012 年 2 月，首颗 MUOS 卫星成功发射，2015 年 1 月、9 月和 2016 年 6 月，美国相继发射了第 3、第 4、第 5 颗 MUOS 卫星。

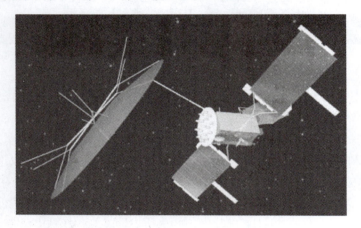

图 2-45　MUOS 卫星想象图

美国天军计划在 2029 年或 2030 年发射两颗 MUOS 卫星，以延长该系统服务寿命。

4. 三代导航卫星，精度越来越高

GPS（图 2-46）的研发始于 20 世纪 70 年代，被称为美国继"阿波罗"登月和航天飞机之后的第三大太空工程。第一颗 GPS 试验卫星于 1978 年发射；第一颗 GPS 工作卫星于 1989 年入轨；1993 年 12 月完成 24 颗卫星组网；1995 年 4 月开始达到完全运行能力。

GPS 卫星迄今发展了三代 7 种型号的工作卫星，目前最先进的是 GPS Ⅲ卫星。截至 2023 年年初，美军已订购 10 颗 GPS Ⅲ和 10 颗 GPS ⅢF 卫星，其中，GPS Ⅲ卫星已发射 6 颗。相比前代 GPS 卫星，三代卫星的定位精度提高 2 倍，抗干扰能力提高 7 倍，具体增量有：①增加 L1 频段互操作信号 L1C，可与伽利略系统兼容；②增加搜索与救援功能；③装备新型铯原子钟，时间精度有效提升；④有效载荷数字化率达到 70%；⑤设计寿命增至 15 年。

第 2 章　美国军事航天发展

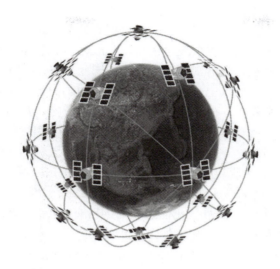

图 2-46　GPS 卫星系统

2.3.6　条令不断更新，太空作战理论逐渐完善

从 20 世纪 90 年代初至今，是太空作战理论发展的逐渐完善期。这一阶段，美国一方面专注于将军事航天运用于提高部队的战斗力上；另一方面加强太空对抗研究，太空作战理论从战略指导层面走向战术操作层面，太空作战理论引领着太空力量的建设和发展。

1. 太空作战理论开拓创新

1）太空优势理论

美国 2008 年爆发次贷危机，国内经济情况恶化，而反恐战争又陷入困境，导致美国不得不进行军事转型，国防开支被迫压缩，整个军事领域呈现出收缩态势，直接影响了太空力量的发展和军事理论的研究趋势。与此同时，个别国家反卫技术能力取得了突破性进展，美国丧失了独霸太空的可能性，其宝贵的太空资产开始面临现实威胁。国内国际形势的变化，迫使美国太空军事理论也改弦易张，由强势的太空对抗理论转型为太空优势理论。

兰德公司在 2010 年出版的《太空威慑与首次打击的稳定性——一个基本评估》中，对美国面临的太空形势进行了分析，指出进行全面太空对抗并不符合美国的利益，而太空威慑为维护美国太空系统安全提供了一种可行途径。这就表明，美国开始认识到通过武力追求绝对太空霸权并不现实。2011 年发布的《国家安全太空战略》首次明确阐述了美国新的太空安全观。在该报告中,美国提出了其太空安全的战略目标是加强太空安全稳定、维持并提升太空给美国带来的国家安全战略优势,其战略措施包括软硬两个方面,软的方面包括制定太空行为准则、组建航天大国联盟等;硬的方面则是发展太空态势感知能力,强化太空威慑和对太空系统的防护等。由此可见,美国已放弃追求绝对太空霸权,而是试图通过软硬结合策略,从多个层次、综合各种手段形成太空安全能力,其目的是形成相对潜在对手的太空战略优势。

2)空海一体战

美军在2010版《四年防务评估报告》中正式提出实施"空海一体战"构想——"美国空军和海军正在共同开发一种新的联合空海一体战概念,以打败包括拥有尖端反介入/区域拒止能力在内的所有对手"以此来加速推进转型建设,保障新形势下的持久国家利益。2011年8月,美国国防部成立"空海一体战"办公室,负责监督落实空海一体战各项计划。

在"空海一体战"作战概念中,美军设想战争初期,对手将首先攻击其核心太空系统,达到"致聋、致哑、致盲"的效果;然后综合运用各种手段,对美国航母编队和前沿基地实施攻击,封锁美军海上通道。基于这种认识,美军认为空海一体战的关键是"致盲战",即破坏对方的侦察网络特别是太空海洋监视系统,从而获得海上和空中的行动自由。考虑到其太空系统很可能会遭对手打击而受损,美军将采取有效措施保证空海作战,包括:减少对GPS系统的依赖;演练航天能力缺失或退化情况下的空海作战等。由此可见,空海一体战作战概念已经把太空视为主要战场之一,围绕太空能力的争夺将成为战争的焦点,这是一个新的理论发展趋势。作为该理论的实现措施,2013年美国空军太空司令部发布了《弹性与分散式太空系统体系结构》,提出了结构分离、功能分解、载荷搭载、多轨道分散、多作战域分解等太空系统建设新途,为提高太空系统运行稳定性、实现太空优势提供了可行技术途径。

2013年5月,美国国防部"空海一体战办公室"发布题为《空海一体战:军种协作应对"反进入和区域拒止"挑战》文件。该文件的中心思想是,以"跨域协同"思想为指导,通过实施网络化、一体化纵深攻击,破坏、摧毁和击败敌"反介入和区域拒止"威胁。"跨域协同"本质上是一种"非对称"作战理念,要求把陆、海、空、天、网五个作战领域视为一个相互作用、相互依赖的复杂系统,利用特定领域的非对称优势,在其他领域产生积极和潜在联动效应,破解对手作战优势,瘫痪其作战系统。

2015年1月,美军参联会联合参谋部主任、空军中将大卫·高德费恩签发备忘录,将"空海一体战"作战概念更名为"全球公域介入与机动联合"

概念。美国突然如此更名，颇用了一番心思，这样一来，不仅可淡化原来概念里遏制对抗的冷战色彩，还可实现美军的身份转换——即试图从亚太地区和平与稳定的"搅局者"，变成维护全球公域自由通行权的所谓"捍卫者"。与"空海一体战"概念相比，"全球公域介入与机动联合"概念的最大不同是目标更加明确，即确保美军获取和保持全球公共领域的行动自由，而不是谋求彻底击败目标国。

3）第三次抵消战略

2014年11月15日，时任美国国防部长查克·哈格尔在里根国防论坛发表演讲时，明确提出以第三次"抵消战略"为内涵的"国防创新倡议"。这一计划旨在通过发展新的军事技术和作战概念"改变未来战局"，在与主要对手的新一轮军事竞争中，占据绝对优势地位。在第三次"抵消"战略指导下，太空、网络、无人作战等领域都被美国视为继续保持其绝对军事优势的"核心竞争力"。在太空军事方面，为了构建全球监视和打击网络，需要全球导航卫星、各种侦察卫星和通信卫星的支持，但由于对手发展了太空作战手段，美国面临失去太空庇护所的威胁。因此，在中-高威胁环境下，美国需要对冲天基系统丧失所带来的损失，措施包括加快研发GPS替代系统、装备具有长持久力和空中加油能力的"高低混合"情报监视与侦察无人机、开发替代太空的"空中层"以用于远距离通信等。这些措施实际上也形成了"拒止式威慑"能力，对手将发现攻击美国的太空系统无法有效破坏美国作战体系，从而放弃太空系统攻击企图。另外，为了实现"惩罚式威慑"，美国需要开发和展示反太空能力、开发并部署全新的反传感器武器等，从而形成攻击对手关键太空系统的能力，迫使对手因惧怕美国反击而放弃挑战。

总的看来，"第三次抵消战略"本质上仍然是要发展实战有效的威慑能力，而其威慑方式却与传统威慑发生了本质变化，表现为无论"拒止式威慑"还是"惩罚式威慑"，都可能要开展实际军事行动，而不是简单的"不战而屈人之兵"。在该报告中就提出，封锁作战是一种有效的"拒止式威慑"。由此可以推断，虽然美国不谋求独霸太空，但在太空领域实施类似"致盲战"一样的拒止作战，也有可能成为美国实施战略威慑的一种方式。

4）有限太空战

2016年1月27日，美国智库"新美国安全中心"发布了一份题为"从圣地到战场：美国太空防御与威慑战略构想"的研究报告，突破性地提出了"有限太空战"战略构想，提出美国需要找到适当方式来将太空战限制在一定范围内，通过制订有利于美国的太空战规则来限制太空领域直接对抗造成的危害，使美国一方面可以继续有效利用太空来取胜，另一方面也使得太空冲突不至于上升到失控的全面冲突。紧接着在6月17日，美国智库"大西洋理事会"又发布了《面向新的国家安全太空战略：战略再平衡的时机已到》的研究报告，提出建立"主动预防"的太空新战略，以及做好预防与备战的两手准备。这些智库报告的密集发布，实际上是在为美国太空军事战略的调整进行战略上的造势和思想上的铺垫。2016年7月15日，美国空军航天司令部网站发布了题为《建设太空任务部队，训练明天的太空战士》的白皮书。该文件从体制架构、训练方式和作战运用等方面详细阐述了美国空军航天司令部对太空部队下一步建设与发展的构想，体现了美国对太空军事力量建设的重新考量。在白皮书中，作为美军太空力量主体的美国空军航天司令部明确指出，"在当前对抗性、低级别、受限制的作战环境下，过去几十年里为太空作战提供支持保障的训练和技能已经不能满足今天的美军应对威胁并赢得胜利的需要了。"这意味着，美军太空力量将由执行传统作战保障的任务转为执行直接的太空对抗任务。

2. 太空作战条令体系推陈出新

迄今为止，美军以太空作战为主题共发布了3种6个条令（图2-47），明确了太空作战的作战任务、指挥控制、作战计划、作战执行以及作战训练等，逐步形成了与太空作战力量相配套的太空作战条令体系，太空作战理论日渐发展完善。

图2-47　美国《空军太空作战条令》和参联会《联合太空作战条令》

美军《太空作战条令》的发展经历了一个循序渐进的演变历程，其发展大体可分为四个阶段（图2-48），即起步阶段（1998年空军《太空作战条令》）、发展阶段（2001 年空军《太空作战条令》到 2009 年参联会《太空作战条令》）、变革阶段（2012 年空军《太空作战条令》到 2013 年参联会《太空作战条令》）、转型阶段（2018 年参联会《太空作战条令》）。

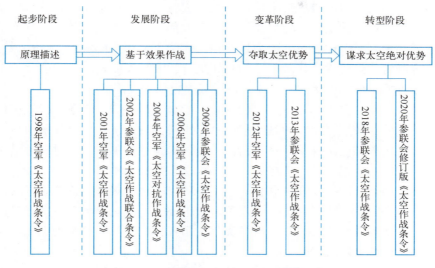

图 2-48　美军太空作战条令演变路线

1）起步阶段

在总结海湾战争经验的基础上，美国空军 1998 年首次颁布了《太空作战条令》。该条令是军事思想上的创新，原则性强，主要明确太空作战的基本概念和作战思想，包括：提出了太空控制、航天力量应用、航天力量增强和太空支持 4 种作战行动类型；把太空控制作战划分为进攻性太空对抗和防御性太空对抗两种行动，进攻性太空对抗包括欺骗、干扰、抑制、降级和摧毁；防御性太空对抗包括主动防御和被动防御；提出了统一指挥的原则；提出了航天支援分队的概念等。这些概念基本都沿用到了今天，但该版条令缺少可操作性强的内容，主要是没有建立明确的指挥控制关系、没有给出太空作战任务规划和执行，因此还只能算是一本科普读物，无法指导实际作战。

2）发展阶段

从 2001 年起至 2009 年，美军《太空作战条令》进入发展阶段。这一阶段条令的特点是基本都遵循"基于效果"作战思想，且建立了明确的指挥控制关系和作战规划执行程序，使得太空作战有章可循、可操作性强，具有很高的实用价值。该阶段共颁布了 5 个版本的条令，内容不断充实完善。

2001年美国空军发布的《太空作战条令》是美军历史上第一个真正意义上的太空作战条令。该版条令篇幅较1998年版增加了近3倍，主要在3个方面进行了改进。首先，该条令首次明确树立了"基于效果"的作战指导思想，指出太空作战的目的是服务于地面作战，因此太空作战不是一种独立作战行动，而应当融入天空地一体化作战中，大大提高地面作战的效果。其次，该条令详细规划了美国空军航天力量的指挥体制，规定了各部门的职责；最后，该条令制定了进行太空作战行动规划和执行的流程及要素。这些变化使得该版条令可操作性大大增强，已非常贴近战役行动的实际需求。

随后，参联会于2002年首次发布《太空作战条令》。该条令把太空作战的执行主体扩大到全军，并规范了5种常用任务，即情报、监视与侦察；一体化战术告警和攻击评估；环境监测；通信；定位、测速、授时和导航任务的执行流程，使得该条令具有了战术层次的可操作性。

在此之后，美空军和参联会又于2006年、2009年分别更新了《太空作战条令》，这些更新只是对战区航天部队指挥控制、太空作战任务执行等内容进行了充实完善，指导思想、任务类型、指挥体制等核心内容均变化不大。美国空军于2004年发布的唯一一版《太空对抗作战条令》是对《太空作战条令》中太空控制任务的细化描述，基本内容也没有太大变化。因此，这段时期属于平稳发展阶段。

3）变革阶段

以美国空军发布2012年《太空作战条令》为标志，《太空作战条令》进入了一个新阶段。该阶段的特点是用"夺取太空优势"取代了以往"基于效果"的作战思想，并相应地增加了很多太空对抗相关的新任务类型。该版条令首次指出，夺取太空优势是空军关注的首要问题；太空优势的实质是控制太空制高点，最终目标是在竞争中保持美军太空能力；美军应该知道来自地面、空中、海上和太空对太空作战的各种威胁，要有意识地开发和训练在遭到降级、破坏或拒止的太空环境中、来自以及通过这种太空环境开展作战的能力并制定相应的计划，以保护任务需要的基本功能。

这种变化反映了美军对太空安全的危机意识。传统的"基于效果作战"思想只有在太空安全不会受到威胁情况下才能实现，而在未来战争中，针对卫星的攻防作战已经不可避免，这种情况下就必须首先确保航天力量安全，然后才谈得上如何使用。因此，美军把"夺取太空优势"作为其航天力量的首要任务，也就是要保证在未来战争中美军先进的航天力量能够发挥作用。另外，这种理论也反映出美军未来作战对太空仍将极度依赖，美军并不希望在太空领域全面对抗,而是力争要确保其航天力量安全、可用。

在参联会发布的 2013 年版《太空作战条令》中,同样充分体现了"夺取太空优势"的作战思想,如:首次完整提出了太空威慑的作战理论;首次提出了"阻止"(prevention)作战任务的概念;增加了发射探测、导航战等太空对抗作战任务类型等。这些变化充分反映了美军正加快由"利用太空"向"控制太空"转变,这些变化将深远影响未来太空作战形态,也将对美军航天力量建设产生重大影响。2013 年版《太空作战条令》描述的太空任务领域如图 2-49 所示。

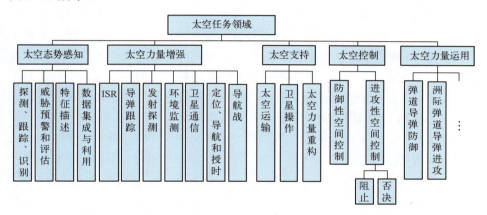

图 2-49　2013 年美国参联会《太空作战条令》描述的任务领域

新版条令与旧版美国参联会《太空作战条令》相比,在太空态势感知、太空威慑、借助非国防部太空力量等内容方面进行了重大调整和修订,在太空碎片和碰撞威胁影响、太空支援任务、太空协调权力机构、太空作战角色与职责等多个方面进行了更新,使新条令内容与国家政策、国防部指南和其他联合出版物保持一致。主要变化包括四个方面。①强调了美国军、民、商部门均高度依赖太空,面对越来越拥挤、竞争和对抗的太空环境,指挥官必须考虑到敌对方可能采取的恶意行动,并能够在太空能力降级的情况下继续保持军事能力,并借助非国防部太空力量成为加强美军太空作战能力的新手段。②首次提出了太空威慑的概念,将太空威慑作为应对潜在太空威胁的新策略,强化慑战一体力量运用模式。③重新划分军事航天行动五大任务领域:太空态势感知、太空力量增强、太空支援、太空控制和太空力量应用,增加了太空态势感知并作为第一个任务领域。④在指挥关系中提出了"战区空间网络"的新概念,即在战区各层次的参谋机构中都应具有太空操作能力的人员为太空力量计划、执行提供支持；各军种采用不同形式派遣太空专家提供服务；网络空间司令部也将把自己的力量与太空力量进行集成。

4）转型阶段

这一时期，美国在特朗普"大国竞争"战略下，加紧遏制中俄，深刻影响其太空作战理论的转型发展。其太空作战指导可概括为"攻防并重、全域支持"，就是强调太空对抗，谋求太空绝对优势。

2018年4月10日，美国参谋长联席会议发布新版的《太空作战》联合条令（JP 3-14），取代2013年5月29日旧版条令。新版条令共86页，分为4章，此外还包括1个附录。第1章为联合太空作战概述，重点阐述了太空域及特点、威胁、轨道及环境；第2章为太空作战与联合功能，重点阐述了太空作战相关的10种能力，以及从7类联合作战功能角度描述太空能力；第3章为指挥控制与联合太空作战，重点阐述了太空作战相关人员或组织的职责及指挥关系。第4章为联合太空作战的计划与评估。附录中的附件1介绍了与联合部队相关的其他太空支援机构。新版条令开篇就列出了相比2013版的修改说明，主要变化：①创建了一项新型作战领域，即太空联合作战领域；②删除了之前的太空任务领域分类法，以与当前太空作战一致；③强调太空态势感知、太空控制、定位导航与授时、情报监视与侦察、卫星通信、环境监测、导弹预警、核爆探测、太空运输以及卫星操作等10种太空能力，与指挥控制、情报、火力、运动与机动、防御、保障、信息等7种联合功能的匹配；④修改了联合太空任务流程，对太空作战的计划和执行进行详细的描述。

2020年10月26日，美军发布了联合条令JP 3-14《太空作战》修订版，对2018年发布的条令进行了修订，以反映美军2019年成立太空司令部、天军之后太空作战力量结构以及作战指挥体制的变化。

2.4 军事航天的调整与强化

美国对太空日益依赖，为警惕太空珍珠港事件的发生，美军开始大力加强控制太空的能力，谋求太空绝对优势，在军事航天领域推陈出新。

▲ 2.4.1 防空和反导走向融合，一体化防空反导作战深度调整

奥巴马上任后，在继续推进一体化、分层的导弹防御系统的同时，将导弹防御作战概念进一步拓展为一体化防空反导作战，并着手研发电磁轨道炮、

激光武器等可大幅降低拦截成本的新型武器系统，还在深入分析当前导弹防御作战应对大规模导弹齐射能力严重不足的基础上，准备推动防空反导作战进行深度调整。

1. 防空反导一体化

2013年5月，美军参联会主席邓普西签署了《2020年联合一体化防空反导远景》文件，提出了6项要求，以推动建立一体化防空反导（IAMD）力量，集成防空和导弹防御系统的传感器、指挥控制系统和武器系统，提高对来袭的弹道导弹、巡航导弹和其他航空器的拦截能力，以应对未来数十年的挑战。这6项要求包括：

（1）整合并利用可获得的情报、监视与侦察（ISR）信息，提高信息利用的效率；

（2）加强与盟国的合作，提高效率、节约资源；

（3）加强重点科技研发，推动新型拦截能力的尽快成熟，推动网络空间、定向能、电子战手段在导弹防御作战运用方面的技术进步，进一步提高传感器、拦截武器和 C^4ISR（指挥、控制、通信、计算机、情报、监视与侦察）系统的能力；

（4）注重被动防御手段，解决防空反导能力上的不足；

（5）推行伙伴国做出贡献的政策；

（6）指导联合部队培养IAMD意识。

2015年11月12日，美国陆军进行了首次巡航导弹目标拦截试验，此次试验成功地展示出美国陆军的防空反导系统由传统的"以系统为中心"向"网络中心战"即插即用型的一体化防空反导系统转变的进展。

2. 多目标拦截

"多目标拦截器"（MOKV）是导弹防御局"多拦截器"（MKV）项目的延续，MKV项目于2009年终止。MOKV计划的目标是研发一种可对携带多个分弹头和诱饵进行拦截的武器系统，目前仍处于概念研发阶段。导弹防御局已经授予了波音公司、洛克希德·马丁公司和雷声公司概念研究合同，三家公司要在2016年5月前完成这一阶段的工作，之后，导弹防御局将从中选择一家公司进行后续的研发工作，希望能在2030年装备美军。

据报道，雷声公司设计的MOKV将被安装在地基拦截弹上，每一枚拦截弹可携带6个MOKV，每个MOKV都拥有独立的传感器和推进系统，彼此可进行通信以协调攻击行动。一旦MOKV研制成功，一枚拦截弹就能以很高的成功率拦截多个目标，不仅能够满足美国拦截分导式多弹头洲际导弹的需求，也能极大地降低拦截成本，还能对在轨卫星进行大规模拦截，拦截高度超过 1000km，届时美国只需发射几枚导弹，就可将在低轨运行的整个星座毁灭。

3. 推动混合低成本拦截新概念

2016 年 5 月，美国战略与预算评估中心网站刊出一篇名为"美国需要防空和导弹防御的革新"的文章指出，面对敌人可能使用弹道导弹、巡航导弹等精确制导武器的大规模齐射攻击，美国现有的防空和导弹防御系统存在重大缺陷，必须变革防空和导弹防御的作战理念。作者认为，美国目前使用的分层拦截的导弹防御作战理念，适用于拦截来袭的弹道导弹和巡航导弹数量较少的情况，但当敌人采取大量精确制导导弹的齐射攻击战术时，防空和导弹防御系统的作战能力将很快耗光，因此，美国国防部应转为采用多种能力混合使用、双管齐下的作战理念：一方面，通过作战部队分散部署、开展防区外海上远程拦截、诱导敌人增加其军事行动成本等方式，尽可能降低敌人一次齐射攻击的导弹数量；另一方面，大量采用新型动能、定向能、电子战等武器，在提高防空和导弹防御的作战能力的同时，大幅降低作战成本。

2.4.2 知己知彼，太空态势感知成为太空作战首要任务

美军 2012 年空军《太空作战条令》和 2013 年参联会的《太空作战条令》都把太空态势感知作为一个独立任务领域列在所有太空任务的首位，2018 年参联会的《太空作战条令》把太空态势感知作为太空十大能力之一，凸显了太空作战中太空态势感知的重要性。实际上，鉴于太空安全的恶劣形势，在美国发布的《国家太空政策》《国家太空战略》等重要文件中，都强调了美国当前太空力量建设的重点是发展太空态势感知能力。《太空作战条令》指出美军太空态势感知将具备探测、特征描述、定位三种能力，探测可以确定美军面临的太空事件是否为恶意攻击；特征描述能够根据攻击特征和攻击系统类型识别攻击者；定位则可以确定敌方攻击目标设备的具体地理位置。不难看出，一旦美军形成较强的太空态势感知能力，就将具备反制敌对方太空攻击的能力基础，同时和平时期也能够进行太空武器试验核查。目前美国对联合国推进太空非武器化进程抱消极抵制态度，原因固然是多方面的，但美国目前太空态势感知能力还不具备太空武器核查能力是一个主要原因。可以预料，未来美军太空态势感知能力发展成熟后，美国必将主导推动太空活动规则的制定，从而形成有利于己、约束他人的太空规则框架，届时其对手发展太空能力、进行太空试验必将极大地受制于美国。

第 2 章 美国军事航天发展

美国发展太空态势感知系统秉承"天地一体"思路，其中地基部分建设较为完善，而天基部分起步较晚、发展较快。

1. 扩展地基系统布局，增强地基态势感知途径

美国在 20 世纪 80 年代就已建成了由太空目标监视中心、雷达设备和光电探测器组成的能够满足基本任务要求的太空监视网。组成美国太空探测与跟踪系统的各种探测器，依据其性质和隶属关系的不同，可以分为三大类。第一类专门用于太空监视的探测器，称为"专用太空探测器"，主要包括"地基光电深空太空监视系统"（GEODSS）等光电探测器、"太空篱笆"（原名"电子篱笆"）系统和 AN/FPS-85 相控阵雷达；第二类主要任务不是用于太空监视，但可以用来担负太空监视任务的探测器，如弹道导弹预警雷达和情报收集雷达等，称为"兼用太空探测器"；第三类属于民用和科研机构，主要任务不是太空监视，但有可以用于太空监视的探测器，在其不执行主要任务时，能用来提供太空监视数据，如靶场雷达和用于科学研究的光电探测器等，称为"可用太空探测器"。美国的这三大类探测器共同组成了一个遍布全球的"太空目标监视网"（SSN）。

根据工作方式与工作平台的不同，可分为地基雷达监视设备、地基光电监视设备和地基电子侦察设备。其中，雷达和光学探测器具有很大的互补作用：雷达具有全天候、全天时的优点，但由于功耗原因，只局限于探测近地目标；光学探测器由于具有高灵敏度和大视场特性，可用来搜索跟踪中高轨目标；电子侦察型设备则主要负责对电子干扰的侦察、探测和告警工作。

1）地基雷达监视设备

美国用于太空目标跟踪的专用设备主要是佛罗里达州的埃格林（Eglin）空军基地的雷达 AN/FPS-85 大型相控阵雷达。该雷达启用于 1967 年，是用于太空监视的第一个相控阵雷达。该雷达曾经用于水下发射弹道导弹的预警，自从 1980 年铺路爪雷达（AN/FPS-115）在乔治亚州的 Warner Robins 空军基地投入使用，AN/FPS-85 开始主要用于太空监视。AN/FPS-85 可同时跟踪近地和深空 200 多个太空目标，95％的近地太空目标穿过该雷达覆盖区，每天可对数千个太空目标进行 10000 多次探测，每天可处理一次从各太空跟踪系统探测器传送来的数据，并将太空目标新的轨道参数提供给各跟踪系统。

地基系统中至关重要的"电子篱笆"使用多个地基相控阵雷达站构成一个连续波太空探测系统。雷达站的相控阵线性天线产生一个与地面垂直的扇形波束，形成一道"篱笆"，接收穿越篱笆的目标回波，并测量出它们的位置、轨迹和速度矢量。1957 年苏联发射第一颗人造卫星后不久，美国海军就开始组建系列雷达发射机和接收器，包括 9 部雷达，3 部发射垂直地面的扇形波

束，6 部捕捉和接收回波，能够有效实现地球轨道上目标的探测，雷达沿美国本土北纬 33°线部署。2004 年，依照美国前国防部部长拉姆斯菲尔德的命令，空军接管该计划，正式更名为"太空篱笆"项目（图 2-50）。由于该系统老化严重、功能不足和耗资巨大，美军于 2013 年 9 月 1 日关闭了该系统。2014 年 6 月，美国空军签署新一代"太空篱笆"地基雷达样机研制合同。该雷达为大型 S 频段（2~4GHz）单基地相控阵雷达，采用调频脉冲信号朝东西方向扫描，最大探测高度 40000km，发射波束宽度为东西 120°×南北 0.2°。预计部署后，该雷达每天可进行 150 万次探测，跟踪数量达 20 万个，重点对中低地球轨道上尺寸大于 5cm 的目标进行跟踪。新"太空篱笆"的第一个站点位于太平洋马绍尔群岛的夸贾林环礁，由于接近赤道地区，可进行大角度太空监视。与空军现有的太空监视系统相比，新"太空篱笆"在覆盖范围、目标库容量、太空探测精度和时效性方面都会有较大的改善，系统建成后将把太空态势感知从被动反应模式提升至主动预测模式。2020 年 3 月，美国天军宣布，"太空篱笆"太空监视雷达场站已投入使用。

图 2-50　美国"太空篱笆"控制中心

2）地基光学监视设备

现有的地基光学监视设备主要包括地基光电深空监视系统、毛伊光学跟踪识别设施、美国空军菲利普实验室管理的自适应光学望远镜。在建的地基光学监视设备主要有两个重点项目：太空监视望远镜（SST）和太空目标跟踪系统（SPOT）。

太空监视望远镜是一种先进的地基光学搜索跟踪望远镜，SST 将使用主光学和弯曲焦平面阵列探测器技术，提供对地球静止轨道太空目标的宽视场跟踪。该望远镜的研制于 2002 年启动，并于 2014 年迁移至澳大利亚西部，2022 年 9 月具备初始作战能力。与传统地基监视望远镜相比，这个光学望远镜的探测灵敏度和覆盖率提高一个数量级，数据采集速度提高 10 倍以上，视野也更宽，能更好地跟踪地球静止轨道的小型深空目标，还缩小了美军太空监视网在南半球和东半球的覆盖盲区。

太空目标跟踪系统项目由 3 个 1m 口径的光学望远镜组成，配置在类似于铁轨的轨道上，通过移动望远镜对一个太空目标拍摄大量图像，组合成一张清晰的太空目标图像，可监测地球静止轨道上最小直径为 50cm 的目标。SPOT 有望成为在全球望远镜网络的一部分，该网络初步计划在南半球和亚洲各设置一台望远镜，以能增加地基监视系统的能力，其目标是能够监测尺寸小至 10cm 的物体。

3）地基电子侦察型太空目标监视装备

美军对电子干扰等威胁的侦察、探测和告警工作非常重视，近年来在这方面发展了一系列装备技术。首先，美国空军一直在秘密研发快速攻击识别、探测和报告系统（RAIDRS），它是一个由地基传感器、信息处理系统、报告体系组成的全球网络，用于探测、识别太空系统受到的攻击，判断攻击性质，进行干扰源定位，为部队采取相应措施提供决策支持。RAIDRS 系统分 Block10 和 Block20 两个阶段建设，Block10 样机系统从 2005 年就在中东服役，2012 年美国空军在夏威夷、日本等 5 个地点部署了 5 套 RAIDRS 地面组件（RTGS）永久系统，用于对这些地区地球静止轨道商业卫星通信可能遭受到的电子干扰进行探测、识别和定位。此外，2012 年 9 月，美国 ITT Exelis 公司宣布在 GPS 干扰检测与定位技术领域取得重大进展，未来将能通过传感器网络和先进定位技术对 GPS 干扰源实时检测与定位，便于用户予以应对。随着卫星电子干扰探测、识别与定位技术的快速发展与广泛应用，美国针对卫星电子干扰的态势感知能力得到大幅提升。

4）其他

2014 年第三季度，美国国防高级研究计划局（DARPA）启动了"低倾角低轨目标无提示探测"（LILO）项目研发工作，拟用两年时间快速研制部署新型基础设施，可采用雷达、光学、电子侦察等手段，探测跟踪低倾角低轨目标，将弥补现有低地球轨道覆盖缺口并提高随机跟踪能力。"低倾角低轨目标无提示探测"系统可探测 1000km 远、直径 10cm 的目标，天体测量精度优于 6″（角秒），时间精度优于 10ms，10min 内可对任一目标进行 3 次以上独立探测，能精确测定轨道参数。

2. 加快推进天基新型太空态势感知系统发展

相对于地基系统来说，天基系统有明显的优势。天基系统可不受天气和大气条件影响，对地球静止轨道的观测效果更好，并能对位于地球静止轨道上的重要目标进行更及时的重访，但造价比地基系统昂贵，而且不能携带大型观测设备。

1）低轨天基太空监视系统和地球同步轨道太空态势感知计划

从20世纪80年代到21世纪初，美国实施了多项太空目标监视卫星技术试验项目，在此基础上研制发展了天基太空态势感知系统。目前，美国在轨运行的太空态势感知卫星主要包括3颗专用型业务卫星，此外还有3颗技术试验卫星在轨。业务卫星采用高低轨组合配置，由1颗"低轨天基太空监视系统"-1（SBSS-1）（图2-51）和6颗高轨"地球同步轨道太空态势感知计划"（GSSAP）卫星组成。SBSS-1卫星于2010年9月发射入轨，2013年进入业务运营状态。该卫星运行在630km高度的太阳同步轨道上，具有全天时连续工作能力，平均每天观测12000个目标，可以快速扫描、发现、识别、跟踪低轨和高轨目标，可在24h内完成对整个地球静止轨道区域的扫描探测。2015年1月，美国空军宣布启动SBSS后续星研制项目，计划用一个三星星座接替现有的SBSS-1卫星。SBSS后续星仍将运行在低轨道，用于监视地球同步轨道目标。

图2-51 天基太空监视系统

2014年7月2日地球同步态势感知卫星GSSAP卫星发射入轨，部署在近地球同步轨道，通过与地球同步轨道目标的相对漂移来实现同步轨道全轨道巡视。GSSAP 卫星上搭载了光学和电子侦察有效载荷，可提供准确的目标轨道和特征数据。2016 年 8 月，两颗后续的地球同步太空态势感知项目（GSSAP）卫星从佛罗里达州卡纳维拉尔角空军站发射升空。这是本项目第三、第四颗卫星。由于卫星运行在近地球同步轨道，所以除了保障美军战略司令部目前的监视任务之外，这些卫星能提供更清晰、更精确的太空态势感知数据。GSSAP 卫星能让操作员更清晰地看到人造太空物体，降低它们互相碰撞的概率，也是这种卫星的用途之一。美国空军航天司令部司令海顿认为 GSSAP 将是一个"改变游戏规则"的项目，使美军太空武器核查即将成为现实。图 2-52 为地球同步态势感知卫星布局图。

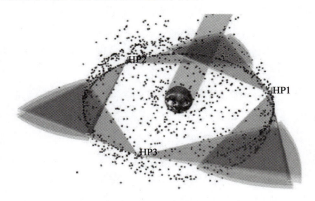

图 2-52　地球同步态势感知卫星布局图

2019 年以来，GSSAP 卫星频繁秘密接近俄罗斯和中国在轨航天器，近距离侦察、拍照，获取信息。2022 年 1 月，美国发射了"GSSAP-5、6"卫星，高轨斗争形势愈发严重。

2）微纳太空监视卫星系统演示验证项目

在当前太空态势感知能力需求快速增长、经费紧缩，以及太空技术快速发展等多重因素的作用下，微小型、低成本太空目标监视系统为保持和提升美军的太空目标监视能力提供了一个高性价比的选择，航天界将其视为未来天基目标监视系统发展的重要方向，美国军方、情报界、工业界和学术界均已开展了基于微纳型卫星的太空目标监视系统演示验证项目。其中，"星历可精调的天基望远镜"（STARE）是美国侦察局开展的低成本太空态势感知纳卫星星座项目，计划发展由 12～18 颗卫星组成、分布在轨道高度为 700km

的 3 个轨道面上的星座系统,与地面设施协同对太空目标进行高精度定轨,改善目前在轨碰撞虚警率过高的情况。2014 年 1 月,"星历可精调的天基望远镜"项目进行了有效载荷地面试验,对太空目标进行定位。

同步轨道太空目标监视纳卫星星座概念由美国洛克希德·马丁公司提出,该系统由运行在同步轨道以上 500km 处的多颗立方体卫星组成,各卫星位于同一轨道面上,等间距部署,每天漂移 6°,对同步轨道目标进行环绕探测和监视,单星每 60 天可环绕观测同步轨道 1 周。此外,美国空军航天司令部前司令谢尔顿曾在 2014 年的一次内部讲话中透露,未来可能在每颗卫星,特别是同步轨道太空目标监视纳卫星的前后各安装一个微型相机,用于观测东西两侧靠近的物体,感知安全威胁。

3. 数据共享,构建一体化太空态势感知系统

美军正在构建一体化太空态势感知系统,基于网络技术,综合利用各种太空态势感知系统,融合太空情报、侦察等数据,提供及时、可操作的太空态势感知信息。

2016 年 7 月,美国国防高级研究计划局(DARPA)完成了对 7 个太空态势感知数据提供者的实时数据的集成,整合了全球 100 多个传感器,组建了全球最大最多样化的太空态势网络,并将很快开始针对综合馈送测试可扩展性、自动化算法,用于识别和提取供 SSA 专家实时决策的相关数据。这将彻底改变美国军方和全球太空碎片监视领域收集和使用 SSA 数据的方式,通过建立基于伙伴关系的框架和付费服务约定,使各方分享和购买来自数百个传感器的数据,不仅能将有用的数据量提高 2~3 倍,而且能按每小时而不是按每周的频率提供提示与告警,并使精确性与经济可负担性呈数量级的提高。

至 2021 年 7 月 3 日,美国已经与 26 个国家,两个政府间组织(即欧洲航天局、欧洲气象卫星应用组织),以及 100 多家商业航天公司签署太空态势感知数据共享协议,建立态势感知数据共享的同盟关系,提高数据的有效性和利用率。

▲ 2.4.3 做好未来太空作战准备,太空对抗技术试验日益频繁

2001 年 1 月 11 日,由时任美国国防部长的拉姆斯菲尔德领衔的一个国会专门委员会发表了一份重要的太空安全战略评估报告,明确指出"美国对太空的日益依赖和由此产生的脆弱性,要求把保卫太空利益作为国家安全优先考虑的重点""美国必须警惕太空珍珠港的威胁"。在上述思想的指导下,

美国开始大力加强控制太空的能力，谋求太空绝对优势，相应地开展了大量太空对抗技术试验。

美国开展的太空攻防技术试验主要包括"试验航天器"（XSS）系列试验、"轨道快车（orbital express）"试验、"自主交会技术演示验证"（DART）试验、"微卫星技术试验"（MiTEx）、"深度撞击（deep impact）"试验、"近场红外卫星"（NFIRE）试验、反卫试验、局部空间自主导航与制导试验和 X-37B 飞行试验等。

1. XSS 系列试验

XSS 系列试验是美国空军研究实验室、空军航天与导弹系统中心、海军研究实验室等机构联合开展的一项研究项目。该项目的目的是研制一种全自主在轨控制的微小卫星，这种卫星具有在轨检查、交会对接以及围绕轨道物体的近距离机动的能力，以便为将来的太空维修、维护及其他特殊任务提供技术储备。图 2-53 为 XSS-11 卫星交会试验。

图 2-53　XSS-11 卫星交会试验

XSS 计划分别于 2003 年 1 月 29 日和 2005 年 4 月 11 日分别发射了 XSS-10 卫星和 XSS-11 卫星，完成了多项关键技术的验证。

2. "自主交会技术演示验证"试验

"自主交会技术演示验证"（DART）试验（图 2-54）是美国 NASA 为学习和掌握飞船在太空轨道上的自动对接而开展的试验项目。所验证的技术将用于在轨服务、货物运送、太空站维护，以及与美国未来太空探索工作相关的其他太空活动，在军事上也有广泛的应用前景。

图 2-54　DART 试验

　　DART 卫星于 2005 年 4 月发射升空，由于星载 GPS 接收机出现故障，导致导航失误和燃料消耗过大，最终以失败告终。

3. "深度撞击"试验

　　"深度撞击"试验（图 2-55）是 2005 年美国 NASA 开展的星际探索项目，其任务主要是解答人类对于彗星、太阳系的行程，甚至生命起源的诸多疑问。在军事上，"深度撞击"试验成功地体现了美国自主导航、远程通信、顺轨拦截控制等太空技术领域的强大实力，说明美国已经具备了深空目标探测及精确打击能力。

图 2-55　"深度撞击"试验

　　2005 年 7 月 4 日，该计划中的撞击器经过 6 个月、4.31 亿 km 的飞行，以 10.2km/s 的相对速度与"坦普尔 1 号"彗星成功相撞。在西半球，人们甚至用肉眼都能看到这次绚丽的人造天象。

　　2021 年 11 月，美国 NASA 发射 DART 航天器。于 2022 年 9 月 26 日，撞上目标小行星，首次尝试改变小行星的运动。

4. "近场红外卫星"试验

"近场红外卫星"(NFIRE)试验(图 2-56)是 2007 年美国导弹防御局(MDA)开展的弹道导弹助推段拦截系统技术试验,试验中的 NFIRE 可收集助推段目标的高、低分辨率图像数据,未来还可搭载动能杀伤器,打击并摧毁附近的导弹和卫星,成为天基侦察打击一体反导反卫平台。

图 2-56 "近地红外卫星"实验

5. "轨道快车"试验

"轨道快车"试验(图 2-57)是美国国防高级研究计划局(DARPA)于 2007 年进行的太空在轨服务操作试验,目的是验证低成本在轨服务途径与自主在轨服务技术的可行性,试验的技术不仅可用于己方卫星的防护、维修和升级,也可对敌方卫星进行破坏性操作。

图 2-57 "轨道快车"试验示意图

2007 年 3 月 8 日,"轨道快车"航天器发射升空,在太空中开展了为期 3

个月的技术演示验证试验，主要包括：为在轨卫星添加燃料、更换重要部件和其他紧急修理任务的演示；同时展示美国太空掳星的技术，即证明美国的卫星在太空中能够轻松自如地掳走潜在敌对国的卫星，将其拉到自己的身边进行破坏乃至摧毁。2007年7月2日，"轨道快车"成功完成了它最后一次任务。2007年7月中下旬，"轨道快车"开始执行一系列任务终止的命令，试验任务结束。

6. 微卫星技术试验

"微卫星技术试验"（MiTEx）（图2-58）是美国国防高级研究计划局和空军在2006—2008年合作进行的地球静止轨道微卫星技术试验。据美国国防信息中心的资料显示，该卫星所要验证的技术与发展反卫星武器的许多关键技术是一致的。

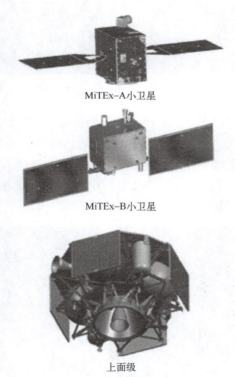

图2-58 MiTEx卫星及其上面级示意图

MiTEx计划包括MiTEx-A/B两颗微卫星和推动这两颗卫星进入地球同步轨道的上面级，于2006年6月发射，由于体积太小，地面观测设备无法有效观测到它。

  2008 年 12 月，MiTEx 卫星对美国发生故障的 DSP-23 导弹预警卫星进行了近距离观察、成像和无线电数据的接收，验证了接近并详细观测卫星、卫星快速轨道机动、多星协作等关键技术。这是美国继 2007 年通过"轨道快车"卫星演示低轨航天器（距地面 492km）的在轨维修服务能力后，首次在地球同步轨道执行在轨检查任务。2009 财年国防科研计划中，"近期能验证的初期自动机器人技术"计划、"快速进入航天器试验台"计划被列入，主要用于在地球同步轨道上试验对非合作目标的捕获技术，高效、快速转移技术，使之能按需进入地球同步轨道的任何位置。

7. 反卫试验

  美国为追求"控制太空"的能力，致力于发展拒止敌手利用太空的反卫星武器。美国在进行低轨道的反卫星相关技术演示试验后，将目光瞄准了地球同步轨道，正在进行中高轨道的反卫星相关技术的研究和试验，力争获得多种轨道的太空控制能力（图 2-59）。美国借助发展反导、微卫星和激光技术演示反卫星能力。从 2008 年 2 月 20 日美国"宙斯盾"反导系统成功用于反卫试验看，利用已部署的反导系统不失为一种快速、有效提高反卫星能力的途径。2012 年，美国与日本联合发展的、用于海基中段防御的"标准-3"ⅡA 型拦截弹开始进行拦截飞行试验，2015 年开始部署。该弹关机速度为 4～4.5km/s，具有拦截 1500km 高度卫星的能力；地基中段防御系统采用的"地基拦截弹"（GBI），关机速度可达 7～8km/s，具有拦截 5000km 高度卫星的能力。

图 2-59　"伊利湖号"巡洋舰发射导弹进行拦截与击落卫星示意图

从美国进行了系列太空技术试验来看，美国已经掌握了快速轨道机动、在轨操作服务、太空远程精确打击、系统综合集成、多星协作攻防等一批核心技术，具备了控制太空的技术能力，在太空对抗领域遥遥领先于世界其他各国。

由于动能反卫星武器将造成较多的太空碎片危害太空环境，美国在2004年出台的《空军转型飞行计划》中，提出首选"暂时和可逆"措施拒止敌人利用太空，破坏天基系统则被认为是最后的手段。因此，在继续完善动能"硬摧毁"形式反卫星武器的同时，美国积极发展干扰卫星通信链路的"软杀伤"反卫星武器。"卫星通信对抗系统"（CCS）是指用无线电频率干扰敌方卫星的上行/下行链路，从而阻断敌方的卫星通信。目前，美军已部署至少16套"卫星通信对抗系统"，并正在对其进行升级改造，计划2025年完成。

8. X-37B 飞行试验

X-37B 飞行试验是 2010 年以来美国空军进行的太空机动飞行器飞行试验，主要用于开展可重复使用的太空机动飞行器机身结构、在轨机动、先进的热防护系统，以及自主进场着陆等关键技术研究，探索可在太空长时间驻留的无人太空飞行器的作战概念和能力。X-37B 飞行器（图 2-60）在空间段综合运用了航天器自主导航与控制技术，在再入与着陆时，运用了航空器的导航与控制技术，引导 X-37B 飞行器顺利返回。X-37B 飞行器是美国在航天飞机退役后唯一的太空在轨有翼飞行器。目前正在进行第四次飞行试验，前三次分别于 2010 年、2012 年、2014 年进行，第三次在轨飞行时间最长，达到了 674 天。2015 年 5 月 20 日，X-37B 飞行器从佛罗里达州卡纳维拉尔角发射成功，开始执行第四次飞行任务。2017 年 9 月 7 日，X-37B 飞行器由太空探索公司"猎鹰"9 火箭从肯尼迪航天中心发射，执行第五次飞行任务，2019 年 10 月 27 日返回，在轨飞行了 780 天。2020 年 5 月 17 日，X-37B 飞行器由联合发射联盟公司的宇宙神 5-501 型运载火箭从卡纳维拉尔角空军站发射升空，这是 X-37B 飞行器第 6 次升空飞行，此次任务携带的实验设备将比以往任何一次都多，其中的一件实验性有效载荷是由美国空军学院研制的一颗小卫星，称为"猎鹰星（FalconSat）"8，该卫星将搭载 5 件科学载荷，机上还将携带两件 NASA 实验设备，用于研究辐射和其他空间条件对一块材料样板和粮食种子的影响。

第 2 章　美国军事航天发展

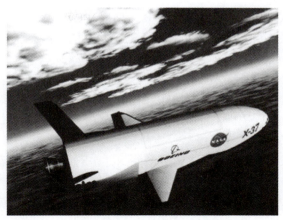

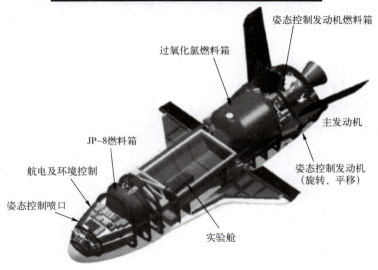

图 2-60　X-37B 飞行器及其结构

9. "凤凰"计划

"凤凰"计划是美国军方于 2011 年年底启动的高轨卫星部件拆解与重组项目，也称为"僵尸卫星"计划。该计划将开发一个在轨操控平台，可拆解坟墓轨道失效卫星的有用部件（如天线），并将这些部件与一些模块化微小卫星重组成新卫星，犹如唤醒僵尸。2014 年 5 月，"凤凰"计划完成概念研究和样机研制等第一阶段工作，验证了利用机械臂及其携带工具实施在轨装配的技术可行性，以及利用"细胞卫星"以物理连接的方式在轨构建新卫星的设计理念的可行性。

2016 年 6 月，美国国防高级研究计划局（DARPA）启动了地球同步轨道卫星机器人服务（RSGS）项目，将建造太空机器人维护同步轨道卫星。DARPA 希望形成一个美国航天工业团队，建造、拥有并在地球同步轨道或其附近运行机器人为航天器服务，机器人航天器将为地球同步轨道商业卫星和美国政府卫星提供服务。太空机器人于 2023 年发射进入地球同步轨道附近，验证机器人服务星提供商业服务的准备就绪情况。

10. 局部空间自主导航与制导试验

"局部空间自主导航与制导试验"（ANGELS）卫星是美国空军研发的高轨抵近巡视技术试验卫星，2014 年 7 月，美军将 1 颗 ANGELS 卫星和 2 颗"地球同步轨道太空态势计划"（GSSAP）卫星发射入轨。卫星进入预定的地球同步轨道后从"德尔塔-4"火箭上面级释放，并以上面级为目标进行逼近、绕飞、悬停等操作，测试了星上导航系统和态势感知载荷性能，评估卫星自主探测、跟踪、监视太空目标以及掌握目标特性和活动意图的能力。ANGELS 卫星还安装了高性能加速度计，用于检验减少低轨道碰撞概率的方法。2016 年 8 月，为了更好地了解海军通信卫星 MUOS-5 出现故障的原因，美国施里弗空军基地卫星运营部队操控 ANGELS 卫星进行了交会与逼近机动，使其到达对故障卫星进行最佳成像的位置，对其拍照。进行故障分析。

▲ 2.4.4 太空作战演练，"施里弗"系列太空战演习不断开展

"施里弗"系列太空战演习是由美国空军举行的以太空为主要战场的作战模拟演习，之所以代号为"施里弗"，是为了纪念 20 世纪 50 年代时任美国空军西部发展部主任伯纳德·施里弗将军对美国空军太空力量发展的卓越贡献。"施里弗"系列太空战演习从 2001 年开始进行，每一两年举行一次，时间不定，截至 2023 年 4 月已经举行了 16 次。

"施里弗"系列太空战演习由美国空军太空司令部下属的太空作战中心（后更名为太空创新与发展中心）组织实施，该中心担负的主要任务包括：指挥、控制美国的军用卫星；开发和试验利用太空能力的方案和应用程序；探索在未来作战中，如何利用军用和商用卫星，为美军提供绝对的太空优势。太空战演习参加人员包括现役军官、退休将领、政府官员、太空问题专家、商业机构以及盟国的官员等。由于太空战场的特殊性，不可能使用太空武器的实战装备进行军事演习，因此"施里弗"系列太空战演习是计算机模拟演习，它是一个逐渐发展的过程，每次演习都会加入新的元素。

2001 年的"施里弗-1"演习是美军第一次将太空作为主要战场的计算机

模拟演习，由美国空军太空司令部设在科罗拉多州施里弗空军基地的"太空作战中心"组织实施，共有军地太空问题专家 250 人左右参加。演习预设时间为 2017 年，以美国介入台海冲突为背景，演习主题围绕争夺商业太空系统的"控制权"展开，探讨对抗敌方先进的太空力量的方法，评估敌方力量阻挠美国及其盟国利用太空资源的可能性。

2003 年的"施里弗-2"演习是 2001 年"施里弗-1"演习想定的延续和继续深入。来自美国军队、政府和工业界的资深将领和太空问题专家 300 余人参加了演习。演习的主要目的是着重从本次演习中"理解和纠正'施里弗-1'演习得出的经验教训"，并提供审查空军和太空任务伙伴的手段，检查规划的未来兵力如何支持国际安全需求。由于"9·11"恐怖袭击事件的发生，演习还增加了美国应对全球性的突发事件的内容。演习以圆桌讨论的形式为主，以计算机仿真为辅。

与前两次演习相比，2005 年的"施里弗-3"演习的作战想定要复杂得多，设想在 2020 年美国需要应对全球多个地区发生冲突，既包括美国介入地区冲突的传统设想，也包括美国本土遭到恐怖袭击等情形。在本次演习中美军针对美国太空系统未来面临的重大问题，重点对太空力量的战术应用、进攻性太空对抗、快速反应太空、太空作战指挥、近地太空作战与支援等科目进行了演练。此次演习有近 300 名美军、政府部门和工业界代表参加。

2007 年举行的"施里弗-4"演习显得尤为神秘，相关报道和评论文章甚少。演习预设想定的时间为 2025 年，有 400 名军地代表参加，主要目的是研究联合部队使用太空力量的能力、战术和技术问题，详情不明。据报道，本次演习研究了保护、补充与替换太空系统的方法，检验太空作战与区域指挥官的指挥控制是否存在不足，2025 年的空天集成问题，以及太空政策及交战规则制定等问题。

2009 年举行的"施里弗-5"演习重点是从战略层面对美国和盟国的全部太空力量的作战应用进行研究，首次引入了网络空间作战。来自美国、澳大利亚、加拿大和英国的参与人员一共有 450 名左右。演习想定的场景是在 2019 年的一次地区冲突中，美军和盟军的太空能力与网络空间能力受到攻击，多处战场空间中的能力遭到毁坏。为了应对此类问题，美军在演习中对太空和网络空间作战的集成、各界力量在太空作战中的协同、太空态势感知系统的重要性，以及在对抗环境下商用太空系统怎样发挥作用等问题进行了试验。

"施里弗-2010"演习（图 2-61）同样继续检验太空和网络电磁空间一体化作战问题，设想在 2022 年的一次挑衅事件中，特定地区的敌人使美国一个重要盟国的太空和网络设施彻底瘫痪,随着后续冲突的逐渐升级,美国整个国家和政府及其合作伙伴卷入其中,美国及盟国的领导者们聚集起来,商量如何还击和拒止未来冲突,以及如何协调多国间的行动来达到最好的作战效果。

图2-61　2010年"施里弗-2010"演习参与单位

"施里弗-2012"演习设想在2023年,9个北约组织成员国和澳大利亚在非洲之角开展了对抗海盗的联合军事行动。在这个背景下,此次演习探索优化了北约和澳大利亚的太空活动,以支持未来设想中的北约远征作战;研究了在对抗环境下,扩大国际合作范围,提高太空系统抗毁性的方法;提出并试验了太空与网络空间防御的一体化作战概念。

"施里弗-2014"演习想定的场景是2026年的一次地区冲突,与美国实力相当的太平洋大国挑战美国。随着演习的进行,由于对手具备多领域联合作战能力等原因,这场区域性冲突迅速升级。在本次演习中,美国设计了对手挑战美国陆、海、空、天、网络领域的全谱作战场景,研究了新型分解式太空体系结构在对抗环境下的作战应用及其效果,深入分析了太空作战与网络空间作战集成的关键问题，探索了新型太空系统与网络空间能力的军事应用，形成了全球演习预案。

"施里弗-2015"演习想定在2025年，美国的竞争对手在网络空间和太空领域具备势均力敌的能力，试图利用这些领域实现其战略目标。演习强调了欧洲司令部的责任范围，还涉及跨不同作战环境的全方位威胁。来自美国、加拿大、澳大利亚、新西兰和英国的约200名军人和非军职专家参加了此次军演。这次演习探讨如何增强太空弹性，包括情报机构、非军事机构、商业机构和盟友；探讨如何为作战人员提供优化以支持联合行动；探索了如何对未来能力加以应用，来保护多作战域冲突下的航天实体。

"施里弗-2016"演习于2016年5月19—26日进行，约200名军官和民事机构专家参加了演习。该演习假定，2026年势均力敌的对手谋求利用太空和赛博空间实现战略目的，并对美国形成威胁；演习重点关注美军欧洲司令部责任区，并考虑不同作战环境下对民事机构和军队的领导、计划制定者以及太空系统运营商带来挑战和威胁。此次演习的目标：①明确增强太空弹性的方法；②探索如何向作战人员提供联合作战的最佳效果；③检验如何在多疆域冲突中运用未来能力保护美国的太空安全。

"施里弗-2017"演习于2017年10月13—20日在麦克斯维尔空军基地进行，主要是探索空中、太空与网络空间能力的指挥控制框架；通过整合太空作战架构（SWC），探索太空和网络空间在多域冲突中的作用；以政府动员方式发展联盟、民、商等的伙伴关系支持联盟、联合作战。

"施里弗-2018"演习于2018年10月11—19日在麦克斯维尔空军基地进行，主要演练联盟太空作战；探索空中、太空与网络空间能力的指挥控制框架；确定太空和网络空间在多域冲突中的战略战术作用；研究联盟、民、商等伙伴关系遂行太空和网络空间作战。

"施里弗-2019"演习于2019年9月4—13日在麦克斯维尔空军基地进行，主要研究太空相关机构和军种如何在多域环境中联合作战；研究人员、流程和技术如何改进以推进太空司令部联合作战；探索国家、商业和盟国如何协同保护太空利益；检验指挥的统一性，以实现与不同机构无缝整合的太空作战行动。

"施里弗-2020"演习于2020年11月3—4日在线上举行，由新成立的美国天军首次组织，主要演练应用新太空系统增强太空弹性的方法；联合盟友共同开展太空作战行动；运用太空支持国家目标；中国及俄罗斯的太空威胁分析。

2.5 军事航天的成熟与创新

美国特朗普总统上台后,为实现在太空领域"让美国再次伟大"的目标,发布了 5 个航天政策指令,分别在太空探索、商业航天、太空交通管理、组建天军、太空系统网络安全方面加强指导。尤其在军事航天领域,大力推动军事太空力量独立成军,以更加有效应对未来太空威胁,确保太空力量建设保持优势。美国拜登总统 2021 年 12 月签发《国家太空优先事项框架》,进一步确立四大优先事项:①培育新兴商业太空发展的政策;②利用商业太空能力满足国家安全需求;③增强航天工业基础供应链弹性;④深化与盟军军事太空能力融合,加速国家太空力量建设,促进军事航天力量发展。

2.5.1 变革太空安全理念,指引太空力量建设

1991 年,苏联解体,美国获得了冷战胜利,美国国内经济繁荣,军事全面占据巨大优势,拥有无与伦比的全球影响力。然后,由于过度介入中东政治和大力进行反恐战争,以及中国经济和军事近 30 年的飞速发展,导致美中综合实力差距越来越小。在这种情况下,中俄正当合理的太空技术进步和太空能力建设,被不断"污名化",强调对美国及其盟友太空安全带来的前所未有威胁,期望加强国际合作打压中俄。从奥巴马政府提出"重返亚太"战略开始,2014 年美国加速调整太空防御体系,将"太空保护计划"更名为"太空安全和防御计划",其核心能力出现四点重大变化:①由被动保护型向主动防御型弹性体系转变;②由全域体系防御向高轨高价值目标体系防御聚焦;③由军用卫星防御拓展至民商卫星领域;④由概念研究加速向技术试验项目推进。2017 年美国《国家安全战略》和 2018 年《国防战略》将中国列为大国竞争对手,再到 2020 年美国白宫发布《美国对中国战略方针》明确中国威胁美国的经济、意识形态和国家安全利益。美国对国家安全环境的认识已发生了根本性转变,保持军事优势、遏制高端冲突已成为美国国防部的头号目标。

2017 年 12 月,美国特朗普政府发布《国家安全战略》(NSS)强调太空在安全、经济和社会领域发挥的巨大作用:"美国认为太空行动的自由是一项重大利益。任何直接影响这一美国重要利益的、针对太空体系中关键部件的有害干扰或攻击,都将受到由我们选择的时间、地点、方式和领域开展的有效回击。"美国的国家安全利益和目标要求各作战司令部司令(CCDR)在所有联合行动中整合太空能力、太空防御和太空专业知识。

2018 年 3 月，美国特朗普政府发布《国家太空战略》，将"美国优先"理念应用到太空领域，寻求通过改进的军事航天方法和商业监管改革来保护美国太空利益，并积极寻求与私营部门和盟友密切合作，以保持美国在太空领域的领先地位。

2020 年 6 月，美国国防部召开新闻发布会向公众公开《国防太空战略概要》(《defense space strategy summary》)。这是美国第一次以"国防太空战略"来命名国防部的最新太空政策文件。该战略是对 2018 年《国家太空战略》"让美国再次伟大"理念的延续和拓展，不仅将促进全面重塑美国军事航天力量，也将对国际太空安全形势以及全球太空治理产生重要影响。

2020 年 12 月，美国特朗普政府发布新版《国家太空政策》，修订了 2015 年奥巴马政府颁布的《国家太空政策》，重申了美国在太空领域的领导地位和作为世界上最重要的航天国家的地位，指出太空是国家安全的当务之急，强调美国将继续调整国家安全战略保护国家太空利益，重申由新成立的天军将作为武装力量来保护美国的太空优势。

美国《国防太空战略》等顶层战略政策发生变革的原因在于，美军认为由于中国和俄罗斯等潜在对手太空能力的相对快速发展，缩小了与美国的差距，正在威胁美国的太空威慑、捍卫国家利益和在冲突中获胜的能力。美国国防部研究与工程副部长迈克·格里芬声称"美国不能期望远离与中国、俄罗斯的大国竞争，未来需要长期严肃对待……太空竞争需要新的军种和新的思维。"美国学者亨利·库珀发表文章《Inching Towards a Space Force》认为，20 世纪 90 年代以来，美国错误将主要精力放在中东这个对美国重要但并不关乎生存的地区，而不尊重西方价值观、挑战美国意识形态的有些国家，借机缩小了与美国的差距，当前世界已重回大国竞争时期，正处于堪比第二次世界大战的危险时刻，美国必须重构太空体系。

总而言之，美国的太空安全理念高度重视太空的地位作用和中俄太空能力发展带来的威胁，从战略政策方面强调美国要整合盟友太空能力和采用全政府手段保护美国太空利益，从作战条令方面强调美国天军不惜采用进攻的手段保持太空优势，以此为基础开启了美军太空力量的最大范围改革序幕。

▲ 2.5.2 重建太空司令部，成为美国第七大地理型作战司令部

美国军令系统的作战指挥架构，称为作战指挥链，一般由"国家指挥当局（总统和国防部部长）—联合作战司令部（战区和职能司令部司令）—任务部队"三级构成，主要负责作战指挥控制和联合训练等。美军对太空作战

力量的指挥权力，原太空司令部 2002 年撤销后长期由战略司令部负责。为了应对所谓的太空域日益紧迫的威胁，2019 年 8 月 29 日，美国重新成立太空司令部，接管并扩大了原战略司令部的太空作战指挥权，开始对包括陆军、海军、空军、国家侦察局在内所有太空作战力量行使权力。太空司令部成为美国第 11 个"联合作战司令部"，与美国战略司令部平级，负责美军太空联合作战指挥，也是美国第 7 个地理型作战司令部，负责距离地球表面 100km 以上太空域的安全与优势。美国太空司令部下设太空作战联盟联合特遣部队（CJTF-SO）、联盟部队太空组成司令部（CFSCC）和太空防御联合特遣部队（JTFSD）三个组成司令部，并由 5 个军种组成司令部（天军太空作战司令部、陆军太空与导弹防御司令部、海军舰队网络司令部、空军第 1 航空队、海军陆战队太空司令部）提供支持。美国太空司令部组织结构如图 2-62 所示。

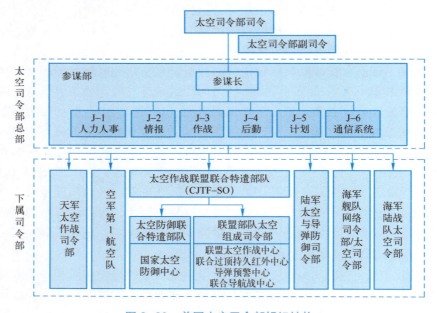

图 2-62　美国太空司令部组织结构

联盟部队太空组成司令部负责为全球范围的美军指挥官提供导航定位、卫星通信、导弹预警等太空信息支援服务。该司令部依托联盟太空作战中心（位于范登堡天军基地）指挥分布在天军和陆军、海军的太空力量，实现太空作战的统一指挥。

太空防御联合特遣部队在现有的国家太空防御中心（位于施里弗天军基

地）的基础上建立，负责保护在轨军事卫星。该司令部主要力量包括天军以及部分国家侦察局的秘密力量。国家防御中心主要利用天基太空态势感知系统和国家侦察局的秘密卫星载荷，负责太空对抗，对美国太空系统实施"保护和防御"。

2021年8月24日，时任美国太空司令部司令迪金森在第36届太空研讨会上宣布：美国太空司令部已形成初始作战能力，战略意义在于"可在任何冲突中提供战斗效果"；未来重点将转向实现全面作战能力，短期内将批准一项战役筹划（OPLAN）并更新战役计划。太空司令部自2019年成立以来，完成了多项里程碑，包括：①组建联盟部队太空组成司令部（CFSCC）和太空防御联合特遣部队（JTFSD）2个职能司令部；②配属陆军太空与导弹防御司令部、海军陆战队太空司令部、海军太空司令部、空军第一航空队和天军太空作战司令部5个军种司令部；③建立由600多位专业人员构成的美国太空司令部总部指挥控制能力，并不断壮大；④发布司令官愿景与战略文件；⑤在"奥林匹克卫士"行动中签署首份美国太空司令部作战指令；⑥在各类国家、联合作战司令部层面的一级（Tier 1）兵棋推演、战争预演、演习中，测试并完善太空作战指挥关系；⑦参照其他联合作战司令部演习，设立太空司令部一级演习"太空雷霆、闪电与挑战"（space thunder, linghtning and challenge）。截至2021年8月，已参加超过24次一级兵棋推演和演习，测试对现实突发事件的集体响应能力；⑧签署100多份与太空行动有关的国际、政府间及商业数据共享协议。

2.5.3 组建独立天军，美国第六大军种横空出世

2019年12月20日，美国总统特朗普在马里兰州安德鲁斯基地签署《2020财年国防授权法案》，标志着正式创建第六大军种——天军（其他五大军种分别是陆军、海军、空军、海军陆战队、海岸警卫队）。根据这一法案，原美国空军航天司令部更名为天军，美国太空司令部司令、空军上将约翰·雷蒙德担任天军首任作战部长，并将在2020年12月正式成为美国参谋长联席会议成员。空军下属的3400名军官、6200名士兵及部分文职人员共约16000人将逐渐转入天军序列，陆军及海军的太空作战人员及机构暂不转入天军，但未来会逐渐转入。美国天军虽然独立成军，但并未成为独立的军事部门，必须接受空军部的行政领导。换句话说，天军的最高军事领导——作战部长与空军的参谋长，都须接受文职空军部长的领导，就像海军作战部长和海军陆战队司令必须接受文职海军部长的领导。

2020年8月美国天军发布了首部顶层出版物《太空力量》，阐明了天军

作为新军种存在的理由,以及在太空军事行动中的作用,并解释了美国为何将太空视为作战域。时任天军作战部长约翰·雷蒙德在当天的发布会上表示,"《太空力量》代表了我们首次提出独立的太空力量学说。这份出版物回答了为什么太空力量对我们国家至关重要,如何使用军事太空力量,谁是军事太空部队,以及军事太空部队重视什么。"

美国天军(U.S. space force,USSF)正式成为美国的第六大军种时,将位于加利福尼亚州范登堡天军基地的第 14 航空队更名为太空作战司令部(space operations command,SPOC),成为新组建的美国天军的首批下属单位。2020 年 6 月,美国天军公布未来组织架构规划,部队采用"业务司令部—太空三角队/基地守备队—中队"的 3 级组织管理架构。天军总部——作战部位于五角大楼,下辖太空作战司令部(SpOC)、太空系统司令部(SSC)、太空训练与战备司令部(STARCOM)3 个业务司令部,每个司令部之下设立若干太空三角队和基地守备队,再下一级设中队。2022 年 11 月,美国天军开始在印太司令部、中央司令部和欧洲司令部等作战司令部下建立天军军种组成部队司令部,以进一步优化太空作战指挥控制体系。美国天军组织结构如图 2-63 所示。

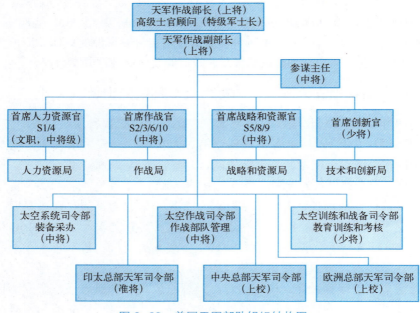

图 2-63 美国天军部队组织结构图

2020 年 10 月 21 日,美国天军将科罗拉多州彼得森天军基地的空军太空司令部指定为太空作战司令部（SpOC）的新总部，美国天军正式拥有了第一个业务司令部，而原太空作战司令部更名为太空作战司令部西部分部（SpOC West）。太空作战司令部主要负责组织、训练和装备太空任务部队，并负责向包括太空司令部在内的各联合作战司令部提供任务部队。美国天军太空作战司令部的部队主要由空军原第14航空队及其下属第614航天作战中心和第21、30、45、50、460太空联队等转隶而来，最初编8个作战三角队，分别负责天域感知、太空电子战、导弹预警、指挥控制、网络作战、情报监视侦察、卫星通信/导航战以及轨道作战。2022年6月24日，美国天军在俄亥俄州赖特-帕特森空军基地正式建立国家太空情报中心（NSIC），并成立新的太空作战部队第18太空三角队负责运营管理，主要分析美国在太空领域面临的国外威胁。2023年3月，美天军在施里弗天军基地正式成立第15太空三角队，主要支持国家太空防御中心的运行。美国天军太空作战司令部部队组织结构如图2-64所示。

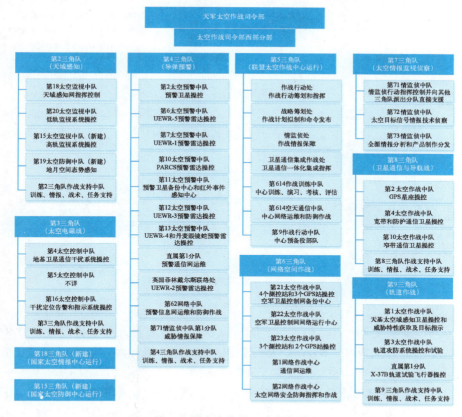

图2-64　美国天军太空作战司令部部队组织结构图

119

2021年8月13日，美国天军在洛杉矶空军基地组织召开了太空系统司令部（SSC）成立大会，标志着天军下属的第2个业务司令部的正式成立。SSC主要由太空与导弹系统中心（SMC）发展而来，但不仅仅是太空与导弹系统中心更名这么简单，而是在天军的未来发展中扮演核心角色，要"摆好架势，能力上做好准备"应对未来的作战变化。太空系统司令部主要负责开发、采购和部署太空能力，包括发射、研究测试和在轨试验等活动，以及监督天军的科学技术活动。太空系统司令部将接管SMC、商业卫星通信办公室、第30太空联队、第45太空联队以及从国防部转移到天军的太空系统项目办公室等单位。其中，太空发展局和太空快速能力办公室不在太空系统司令部之下，均将直接向天军作战部长汇报；空军研究实验室飞行器局、太空光电部、火箭推进部和太空系统技术部等太空相关部门仅接受太空系统司令部有限的行政控制。图2-65为太空系统司令部组织架构。

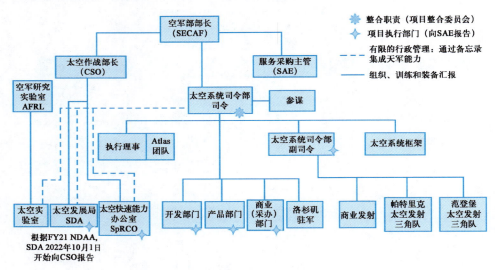

图2-65　太空系统司令部组织架构

2021年8月23日，美国天军在科罗拉多州彼得森天军基地举行了太空训练与战备司令部（STARCOM）的成立仪式，标志着天军下属的第3个业务司令部的正式成立。STARCOM的目标是建立训练体系，发展以太空作战领域为中心的教育体系，制定太空条令和战术，建立测试和靶场基础设施，建设天军文化。STARCOM目前编制800人，未来5年内将增至1500人。下辖5支三角队，其分工如下：第1太空三角队负责训练，提供初级技能培训、专业作战人员任职培训以及高级培训活动和课程。第 10 太空三角队负责条令和兵棋推演，制定天军条令和战术，总结天军经验教训，组织并实施兵棋推演。第 11 太空三角队负责训练场环境和假想敌，通过提供真实的威胁感知测试和训练环境，提高数字作战能力与现实作战能力。第 12 太空三角队负责测试和评估，进行太空系统的独立测试和评估，提供及时、准确和专业的信息，支持武器系统采办、作战评估和战备决策。第 13 太空三角队负责教育，建设职业教育机构，督促天军军官参加，并完成高等教育计划。

  2020 年 11 月，美国天军发布《天军作战部长规划指南》。该文件是指导天军未来建设发展的行动纲领，为部队规划提供了概要和具体指导内容。《天军作战部长规划指南》概述指导天军如何组织、训练、装备、整合和创新的五大优先事项。五大优先事项包括：①建立一支精简敏捷的部队；②组建世界级联合作战队员；③以与作战相关的速度交付新能力；④扩大合作，增进繁荣与安全；⑤创建数字天军以加速创新。这些优先事项将指导各部门工作，为未来 10 年天军建设提供了坚实的基础。

  2021 年 5 月，美国天军技术与创新办公室发布《美国天军数字军种愿景》文件。阐述了将天军建设为数字军种的背景动因，明确了互联、创新和数字主导 3 项核心原则，阐述了数字工程、数字人员队伍、数字总部和数字作战 4 项重点领域的发展思路，并构想了未来数字军种快速应对威胁、形成解决方案的场景，向全军发出了行动呼吁。

▲ 2.5.4 构建混合太空架构，军民商界限不复存在

  美国太空装备建设，经历了从美苏争霸时服务情报获取的侦察监视和导弹预警装备为主，到单极独霸时支持全球打击的导航战、卫星通信、环境监测装备为主，再到 21 世纪初以来多极竞争（或者所谓大国竞争）时的弹性抗毁体系为主。自十五六世纪大航海时代以来，西方开始习惯于在绝对优势下作战并获得胜利，一旦优势不够明显，胜利的代价将会变得难以接受，甚至可能遭受失败。然而美国认为太空正面临日益严峻的威胁，因此在拥有更加可生存和更具弹性的太空架构之前，除非绝对必要，否则不希望使太空资产处于危险之中。

  21 世纪以来，由于航天发射、微小型卫星、人工智能等航天技术的快速进步，美国已经抛弃了传统以大型、复杂、昂贵卫星为主的发展思路，转而主要建设具有分解、分布、扩散、多样化等弹性能力的以大量微小型卫星构成的巨型星座为主的下一代太空架构，而且这种体系架构将商业航天公司和

民用航天的能力纳入其中,美国称之为"混合太空架构"。在混合太空架构下,商业、民用航天能力可通过搭载军事载荷、提供军事服务等方式支持军事行动,军民商的界限已变得日趋模糊,甚至不复存在。

2020年2月,美国天军制定《"主宰太空"2030发展规划》,明确构建混合太空架构的阶段。4月,美国天军小卫星联盟发布《混合太空架构原则声明》,提出通过集成太空体系与能力,推进太空体系从"以平台为中心"向"以信息为中心"转变。11月,美国天军发布《天军作战部长规划指南》,首次将混合太空架构列为天军建设重点规划事项。2022年1月,美国空军宣布,将"弹性太空战斗序列和混合体系架构"排在保持大国优势的七项重大任务之首。美国天军将"改进卫星架构,寻求更具弹性的太空架构,增强抵御对手攻击/干扰的能力",作为2022年首要工作目标。

1. 传统国防太空体系架构

美国传统的以导航定位、航天侦察、卫星通信、导弹预警、环境监测等大型、高价值、高技术卫星的国防太空体系架构在历次非对称战争中立下了汗马功劳。在海湾战争中,美军共调集70多颗侦察预警卫星、导航卫星、通信卫星等,查明超过1万个伊拉克机场、指挥中心、通信中心、基地、舰船、坦克、导弹发射阵地等目标。由于太空系统对取得战争胜利发挥了决定性作用,所以这场战争又被称为"第一次太空战争"。在科索沃战争中,以美国为首的北约动用了50多颗军用和民用侦察、通信导航、海洋监视和气象等卫星,GPS导航卫星在空中打击中发挥了决定性作用,气象卫星则全角度提供南联盟地区实时天气预报,通信卫星使北约各种作战命令和情报信息进行快速传输分发,使北约牢牢地掌握着战场的制信息权。在伊拉克战争中,用于保障美英联军作战的卫星已达100多颗,所有作战单元通过卫星接收信息,使从发现目标到打击目标实时化和一体化,整个战场呈现了"单向透明"。

据统计,在2008年,美军约90%的军事通信、100%的导航定位、100%的气象信息、近90%的战略情报来自太空系统。截至2017年8月,美国拥有803颗卫星,其中军事卫星159颗,占比为19.8%。数量虽然看起来不多,但时至今日仍代表了人类航天技术的顶峰。

在导航定位方面,2018年,美军开始发射的第三代GPS导航卫星精度已提高到1m,有更高发射功率和更强抗干扰能力,可关闭特定导航信号,破坏敌方导弹定位信号。在航天侦察方面,现役"锁眼"卫星依然是世界最先进的光学成像侦察卫星，最高分辨率达 0.1m；"未来成像体系-雷达"（FIA-Radar）卫星分辨率优于 0.3m；电子侦察卫星能截获诸如雷达、通信等系统的无线信号，破译相关的信息情报，截获对手作战命令和通信密码，截收他国导弹试验遥测数据信息，甚至能监听步话机和手机信号。在卫星通信方面，美军建立了包括宽带、窄带和受保护系统、数据中继卫星等庞大的军用通信卫星系统，构建了全球互通、天地一体的军事卫星通信系统，并实现了指挥部、作战部队、单兵以及武器平台之间的联通，构建了扁平化的指挥链路。在导弹预警方面，2012 年，美军启用的新型天基红外系统，弹道导弹发射探测能力大大提高，每 10s 就可以扫描一次整个地球表面，能够在对方导弹发射 20s 内，探测到红外影像并将信息传送给地面部队，对射程 1 万 km 的弹道导弹可提供 30min 以上的预警时间，可实现对战术和战略导弹发射的全程探测与跟踪。

2. 下一代"国防太空架构"

美国国防部 2019 年 3 月专门成立太空发展局，牵头负责下一代"国防太空架构"设计、研发、交付等工作。该新型"国防太空架构"以传输层、跟踪层、监管层、导航层、支持层、威慑层、作战管理层等七层为建设重点，将具备地面活动快速发现、导弹发射全程跟踪、导航定位全域全时可用、卫星体系快速重建、作战数据在轨处理和实时传输，突出体系弹性和抗毁重构能力，可支持未来中高烈度太空对抗作战环境下的联合作战行动。

其中，传输层，初步计划 658 颗卫星，旨在为全球范围内的全系列作战人员和平台提供可靠、有弹性、低延迟的军事数据和连接；跟踪层，初步计划 200 颗卫星，旨在提供包括高超声速导弹系统在内的先进导弹威胁的全球指示、警告、跟踪和瞄准；监管层，初步计划 200 颗卫星，旨在提供对时间敏感、发射前的地面移动目标进行全天时、全天候监管，并支持先进武器系统对目标的瞄准定位；导航层，在 GPS 拒止环境中提供备选的定位、导航和授时服务；支持层，地面指挥控制设施和用户终端，以及快速响应发射服务；威慑层，初步计划 200 颗卫星和 3 架地月空间先进高机动飞行器，提供地月空间态势感知和快速介入；作战管理层，通过人工智能增强的指挥、控制和通信网络，提供自行分配任务、自行确定优先级、机载处理和分发能力以支持战役规模的时间敏感杀伤链闭合。美国太空发展局的国防太空体系架构初始设想如图 2-66 所示。

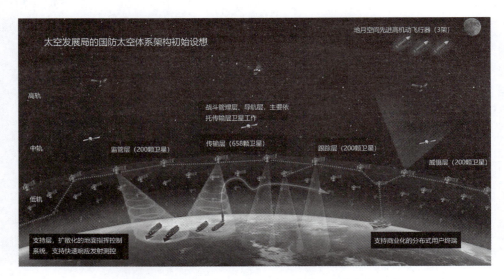

图 2-66　美国太空发展局的国防太空体系架构初始设想

美国下一代"国防太空架构"采用大规模多层体系设计全新理念，反映其应对威胁快速构建能力的新型发展模式，是增强太空体系弹性、抢占太空智能高地、全力备战太空的具体落实，将颠覆传统太空系统形态与攻防模式。太空发展局认为自己的使命任务"始于战士、终于战士"，为尽早让作战人员掌握"足够"或"恰好"的能力可能比更晚提供完美的解决方案要好，因此以 2 年为一个周期通过"螺旋式发展"方式向联合部队提供能力。目前，"国防太空架构"已正式进入工程建设阶段，预计 2028 年具备业务能力。

美国太空发展局的"国防太空架构"与国防高级研究计划局（DARPA）的"黑杰克"项目异曲同工。"黑杰克"项目是由 DARPA 发起的项目，目的是搭建一个由更轻小、廉价卫星构成的军用全球低轨卫星网络，这种网络能够搭载高度网络化的韧性和持久性军事有效载荷，提供传感、信号和通信能力，验证其防御高超声速导弹的可能性，代替目前的反导大系统。"黑杰克"验证系统包括 20 颗低轨卫星，正式系统约 200～1000 颗卫星。整个系统建设需要一笔庞大的经费开支，军方难以承担。而借助民营商业卫星构建低成本卫星网络，是解决经费问题的良策。因此，用商业卫星搭载军用载荷的"黑杰克"项目应运而生。"黑杰克"项目中的每一颗卫星上都搭载一个控制单元，控制单元既能保证每颗卫星都具备自主运行能力，同时又能与其他卫星展开协同，确保整个星座长期自主运行。控制单元内部有高速处理器和加密装置，可快速完成在轨数据处理任务，并具备目标跟踪、定位、导航和授时以及快速通信能力。2021 年 6 月，2 颗卫星发射入轨完成了初步验证试验。

DARPA "黑杰克"项目经理斯蒂芬·福布斯表示："'黑杰克'可能不会直接影响太空发展局的第一批卫星，但它可能会影响后续的几代卫星，因为太空发展局正在使用一种螺旋式发展方法，每两年发射一次新的卫星来加强其星座，DARPA 的试验可能会给后来的几批卫星带来成果，可能是那些将在 2026 年和 2028 年进入轨道的卫星，而且当它们进入运行阶段时，从'黑杰克'学到的关于指挥与控制、数据管理、边缘的数据处理、在边缘增加高性能计算的经验，自然而然地让它们卷入其中。"

3. 商业、民用航天力量

军民航天力量协调发展、融合发展是在太空力量从战略应用向战术应用扩展、需求急剧增加的大背景下，提高经济可承受性和充分发挥太空系统效能的必然选择。随着航天在人类经济社会生活中作用的不断增强，民用与商用航天得到快速发展。传统意义上由军方与政府拥有的太空能力，现已经成为"商品"由集团或个人通过市场获得。因此，美军提出并实现了通过购买商业服务的方式来获得太空能力、支援军事任务。其主要做法：①通过制定相关的法律法规，需要采购或租用部分民用与商用航天系统，并控制其不被敌方使用；②在技术较为成熟的领域，为了降低维护成本，美军只保留和发展核心能力，将军用系统转化为民用系统（如商业航天发射、商业遥感服务，甚至提议将太空态势感知的监测任务和太空交通管理从美国空军转移到联邦航空管理局）或扩大民用功能（如 GPS）；③通过"以民掩军"来大力发展具有巨大军事应用潜力的太空能力（如天基智能操控、太空碎片监视与清除、可逆杀伤反卫星），同时积极探索购买航天产品服务、租用通信转发器、载荷军用搭载等民用航天军事应用的灵活途径。

美国新版《国家太空政策》强调，强大的航天工业与技术基础是确保太空优势和太空领导地位的关键，是提升太空国际竞争力的重要保障。《国家太空战略》也指出，所有的航天活动必须要有稳健、灵活、健康的航天工业基础作支撑。为此，美国也在不断加强航天领域的军民融合，通过激励私营企业积极参与太空竞争，推动有竞争力的航天企业进军全球市场，为确保其太空领导地位提供支撑。2020 年 4 月，美国太空司令部出台《商业卫星整合战略》，提出采购商业现货、集成服务、专业知识 3 种途径，推动实现商业能力快捷集成。

以 SpaceX 公司的"星链"星座为例，截至 2022 年 5 月 18 日，SpaceX 公司已发射"星链"卫星总数达到了 2600 颗，约有 2350 颗卫星在轨，数量也超过了美国军方历史上发射的全部军事卫星。"星链"项目原计划在近地轨道组成两层庞大的卫星星座,内层340km轨道高度的7518颗卫星与外层1000多km轨道高度的4425颗卫星组成的11943颗卫星星座将会实现对地球的全面覆盖。后来,由于各方因素的影响,"星链"计划的巨型星座降低了轨道高度,开始以550km圆轨道为目标轨道,且又追加了3万颗卫星,达到了4.2万颗卫星的规模。"星链"计划一经提出,便引起美国军方极大兴趣,这种兴趣既面向其丰富的通信传输资源,更看重的应该是SpaceX低成本研产能力和"星链"的轨位资源和平台资源。美国陆军与SpaceX签署了一项为期3年的"合作研究与开发协议"(CRADA),允许美国陆军在未来3年时间内使用"星链"服务,同时测试"星链"宽带网与军事通信网络连接的可行性。美国空军资助SpaceX公司开展"星链"计划军事应用可行性论证,并开展了"星链"与C-12J情报飞机平台的互联验证。美国国防部太空发展局与SpaceX签订价值1.49亿美元的合同,为"国防太空架构"跟踪层生产4颗导弹跟踪卫星;DARPA也与SpaceX公司签署了7千余万美元的卫星使用合同以及10亿美元后续服务采购合同。美国天军作战部长约翰·雷蒙德参观"星链"卫星工厂后,SpaceX公司随后宣布将"星链"星座规模从12000颗激增至42000颗,这之间的联系耐人寻味。

4. 盟国太空力量

美国作为北约的主要领导国家,军事盟友遍布全球,在太空作战领域也高度重视利用盟国的太空力量,太空司令部专门在范登堡天军基地设有多国合作办公室,负责接待盟国太空联络官,英、法、德、澳、加、新西兰、日、韩等盟国根据需要可在美国太空司令部各作战中心或战区派驻联络代表,提供相关服务和支持。2022年,美国国防部发布《联盟太空作战愿景2031》,明确混合太空架构集成责任,强调加强盟国太空作战合作,未来将会进一步协商完善联盟太空作战指挥机制,优化太空资源建设运用,增强太空任务保证和体系弹性能力,慑止冲突,标志着"太空作战联盟"核心圈正式组建。

2.5.5 重返月球,坚持推进地月空间军事化

地月空间作为从近地空间走向深空的桥头堡,越来越受到世界大国的重视。近年来,美、俄、欧、日、印等主要国家纷纷出台雄心勃勃的月球计划,为月球资源探测和开发利用做准备。利益的争夺必然带来军事的竞争,美国已从战略和政治高度规划协调地月空间,出台一系列的政策文件和规划行动,不断强化地月空间的战略地位。

2019 年 5 月 NASA 提出"阿尔忒弥斯（Artemis）"行动计划，采用地月空间站方案，以月球"门户"空间站为枢纽，支持载人月球探测任务，以及未来的载人火星探测任务。整个计划分两个阶段实施，第一个阶段关注速度，将在 2024 年实现载人登月；第二个阶段关注可持续性，将支持月面长期活动，并为载人火星探测做准备。

2020 年 5 月，美国发布"阿尔忒弥斯协议"草案，宣称其成员国不仅可以在月球开采资源，还要在月球建立"安全区"，防止周围的竞争对手进行破坏干扰。目前，已有日本、澳大利亚、意大利、加拿大、印度等 27 个国家加入该计划，并明确将中国、俄罗斯等国排除在外，政治意味十分浓厚。

2021 年 5 月，美国空军研究实验室发布《地月空间基础》报告，为美国天军制定未来地月空间作战方案以及发展相关作战概念提供了理论支撑。该报告借科普地月空间知识之名，实际意在引发美国军方对地月空间军事价值的广泛关注。其与美国近期发布的一系列政策文件相互呼应，撕去了美国"和平发展地月空间"的遮羞布，暴露了美军将太空军事力量向地月空间延伸的意图和决心，标志着美国迈出了抢占地月空间战略高地、对我进行战略围堵的关键一步，美国在地月空间的建设布局进一步走深走实。

参考文献

[1] 武元，肖志军. 欲与天公试比高[M]. 广州：世界图书出版公司，2009.

[2] 顾诵芬，史超礼. 世界航天发展史[M]. 郑州：河南科学技术出版社，2000.

[3] 李成智，李小宁，田大山.飞行之梦航空航天发展史概论[M]. 北京：北京航空航天大学出版社，2004.

[4] 李智，张占月. 美军太空作战条令[M]. 北京：国防工业出版社，2009.

[5] 李大光，刘志刚，李明海. 美俄太空军事力量及其作战运用[M]. 北京：人民武警出版社，2012.

[6] 卿文辉. 霸权与安全美国导弹防御史话[M]. 吉林：吉林出版社，2001.

[7] 柳森. 美国军事航天部队概览[M]. 北京：国防大学出版社，2006.

[8] 李智，张占月，李新洪，等. 美国空间对抗技术试验研究[M]. 长沙：国防科技大学出版社，2011.

[9] 冯书兴，周新红. 美俄空间力量与空间武器[M]. 北京：国防工业出版社，2010.

[10] 王平平. 利比亚战争中的太空行动[N]. 解放军报, 2016-01-29(07).

[11] 王余涛. 利比亚战争背后的"太空奇兵"[J]. 国际太空, 2011, 4: 47-50.

[12] 郭俊. 美军新版《太空作战》联合条令的主要内容、变化及分析[J]. 国防科技, 2013,34(6): 73-75.

[13] 陈亚飞, 汤亚峰. 浅析美国视角下的太空安全态势[C]. 第二届雁栖航天论坛, 北京, 2020.

第 3 章

俄罗斯（苏联）军事航天发展

如果没有太空部队或者军事航天力量，那么根本就谈不上加强全球的战略稳定。

——俄罗斯总统普京

俄罗斯的军事航天起源于苏联。苏联在 20 世纪二三十年代出现了火箭理论的奠基人齐奥尔科夫斯基。1932 年 4 月，科罗廖夫（图 3-1）担任厂长的实验火箭工厂，研制了苏联第一枚半液体火箭 09 号，并于 1933 年 8 月发射成功。1933 年 11 月，苏联第一枚全液体火箭试飞成功。为便于统一领导，在图哈切夫斯基元帅的直接领导下，1933 年 10 月苏联成立了喷气推进科学研究所，设计了多个型号的火箭，但这些火箭都未能研制出来。第二次世界大战爆发后，这类研究工作基本上停顿下来，但这一时期涌现出了大批火箭专家，包括格鲁什科、科罗廖夫、吉洪拉沃夫等，为苏联发展火箭、导弹和航天技术做出了巨大贡献。

图 3-1　科罗廖夫

3.1 军事航天的创立与发展

苏联/俄罗斯是最早建立军事航天的国家之一,在军事航天领域取得了辉煌成就。在军事航天起步和创立之初,苏联与美国进行了激烈的竞争,互有优势,推动了军事航天的快速发展。

3.1.1 剑走偏锋,研制出首枚洲际弹道导弹

冷战对抗所依赖的资本就是实力,特别是军事实力。美国 1945 年 7 月 16 日第一颗原子弹试验成功后,斯大林就下令加速研发原子弹。他意识到,在原子弹研制成功以前,苏联与美国的这个巨大军事落差需要有一种有力的武器来填补。

除了核武器的差距外,苏联在远程轰炸机方面也大大落后于美国。斯大林指示米亚西舍夫设计局设计出能飞到美国进行轰炸并返回苏联的轰炸机,但该设计局直到 1954 年才推出"米亚-4"远程轰炸机,但"米亚-4"轰炸美国必须在墨西哥着陆,另外,它的速度不快、安全性也不高。在原子弹还没有着落、战略轰炸机也研制不出的情况下,斯大林只好把希望寄托在研制洲际导弹身上。

当苏联军队大举进入德国时,他们同时也带有搜罗德国军事科学家的使命。苏联军队抢先占领了德国导弹研制基地佩内明德,可是以冯·布劳恩为首的几百名火箭专家在苏军来到之前已向美军投降,苏军俘获的只是一批二、三流的技术人员。斯大林曾对此大发雷霆。

由于当时远程轰炸机与美国的差距很大,一时还赶不上美国,在命令原子弹加速发展的同时,斯大林指示全力发展弹道导弹,以便能发射核弹头轰炸美国的本土。1947 年 3 月 15 日,斯大林在克里姆林宫最高层决策会议上说:"德国的科学家发展了许多有趣的玩意儿,像洲际导弹就是其中之一,可以使战争完全改观。你们知道这种武器的重大战略价值吗?这大概是对付杜鲁门那家伙最有力的一招。所以,我们必须努力,能制造洲际导弹对我们实在太重要了"。

斯大林的战略思想很快得以贯彻实施,他也在许多场合下谈到发展洲际导弹的意义。赫鲁晓夫上台后,东西方关系出现时好时坏的冷战僵持局面。赫鲁晓夫一方面在努力同美国改善关系,另一方面在一些关键问题上又不肯让步。他也懂得,双方的谈判必须要有实力做后盾,因此,他在反斯大林的

同时，把斯大林的军事技术战略继续下来，并且进一步推向深入。正是苏联领导人一贯坚持大力发展导弹的政策，使苏联的导弹战略得以贯彻实施，为领先于美国创造了条件。

1947年10月18日，苏联火箭专家科罗廖夫领导研制的苏联第一枚弹道式火箭试验成功。1947年10月30日，苏联组装的第一枚V-2导弹发射成功，射程为270km。1949年5月24日，科罗廖夫研制的第一枚地球物理火箭P-1A发射上天，达到了预定高度，火箭上安装的两台各85kg的仪器，获得了高空飞行的新数据。

1949年8月29日，苏联成功地爆炸了第一颗原子弹。

在P-1基础上改进设计的P-2仍采用酒精和液氧作为推进剂，其射程为590km。与此同时，火箭发动机专家格鲁什科开始设计РД-1/РД-3系列液体火箭发动机，而后又研制出РД-101火箭发动机。这种发动机装在改进的P-2导弹上，研制出SS-3中程导弹，射程达1800km。以РД-214火箭发动机为动力研制的SS-4中程导弹于1956年4月首次进行飞行试验，射程为2000km。

与此同时，洲际导弹也在加紧研制。苏联第一种洲际导弹P-7是两级液体火箭，由中央芯级和四个配置在其四周的助推级捆绑而成。采用这种结构形式既可以避开第二级发动机高空点火的困难，又可降低火箭的总高度，从而可减少火箭对风载的敏感性。另外，在设计中还考虑到了适应性和通用性，因此很容易改制成航天运载火箭。

1957年8月21日，世界上第一枚洲际弹道火箭P-7（图3-2）成功地进行了全程发射试验，射程达到8000km。这次成功具有多种意义：①苏联抢在美国之前发射成功洲际导弹，初步具备了洲际核打击力量；②为苏联率先跨入太空时代奠定了坚实的技术基础。

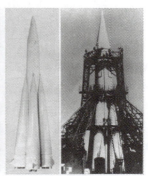

图3-2　世界上试射成功的第一枚洲际弹道导弹P-7

3.1.2 集中领导，成功发射世界上第一颗卫星

20世纪四五十年代，尽管美国和苏联都正式做出研制和发射人造卫星的决定，但在计划的具体执行上，两国采取的方针有所不同。苏联将运载火箭和洲际导弹通盘考虑，并行发展，从而大大加快了进度。美国则把人造卫星计划与洲际导弹研制截然分开，而且美国国防部实际上对人造卫星计划并不十分重视，要求人造卫星研制不得影响和干扰导弹计划，这些方针和政策给人造卫星研制带来重重困难。苏联在第一颗人造卫星争夺战中击败美国，正是得益于集中统一领导的研制方针。

研制运载火箭任务实际上同发展洲际弹道导弹是一致的。1954年，吉洪拉沃夫提出论证人造卫星可行性和必要性的建议，他在"关于人造地球卫星"的报告中，充分论证了利用两级火箭可以达到第一宇宙速度并可用于发射人造卫星。他和"卫星小组"的工作为科罗廖夫提供了启示。当时苏联正在研制中程导弹和洲际弹道导弹，科罗廖夫认为导弹稍加改进就可以作为发射人造卫星的运载火箭。

为了发射人造卫星和达到第一宇宙速度的要求，在将 P-7 洲际导弹改装成"卫星号"运载火箭时做了一些改动。为了将一定重量的人造卫星送入预定轨道，需要调整芯级发动机工作状态，以获得最佳的效果。但这样有可能使级间分离遇到困难，因为此时两级之间的相对速度较小，有可能使两级在分离时发生碰撞。为了解决这个问题，决定延长两级分离时间，保证芯级储箱的安全。

苏联和美国在发射第一颗人造卫星上展开了一场争夺战。在 1955 年 7 月 29 日，国际无线通信联合会第 3 次大会召开之前，美国总统艾森豪威尔就宣称美国正在进行发射人造地球卫星的准备工作。苏联科学院院士谢多夫（L.Sedov）在这次大会上也宣布苏联打算在国际地球物理年期间发射一颗到几颗人造卫星。1957年6月，苏联科学院院长斯米扬诺夫宣布苏联的地球物理年人造卫星运载火箭已准备就绪。当时，P-7 洲际弹道导弹已开始进行首次发射前的准备工作，"人造地球卫星1号"也接近完成。种种迹象表明，苏联在这场争夺战中似乎稳操胜券。

在洲际导弹研制过程中，把它改装成运载火箭的工作也在科罗廖夫的领导下快速进行。1957年10月4日晚，"卫星号"运载火箭携带世界上第一颗人造地球卫星"斯普特尼克1号"（图3-3）（俄语名原意"伴侣1号"）在拜科努尔航天发射场发射成功。它进入近地点215km，远地点947km，轨道倾

角 65°，周期为 96.2min 的椭圆形轨道。这颗人造卫星在轨道上运行了 92 天，绕地球飞行约 1400 圈，于 1958 年 1 月 4 日再入大气层时烧毁。

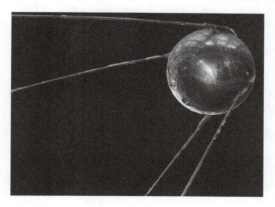

图 3-3 苏联"斯普特尼克 1 号"人造卫星

这颗人造卫星在技术上进行了星内温度压力试验、地上大气密度测量和电离层研究，并用人造卫星探测出几百千米高空的空气阻力，比以前用探空火箭测得的结果大 3～5 倍。但同它的科学研究结果相比，它的政治影响和对科学技术发展的影响更加深远。在人类历史上，这颗人造卫星是人类跨入航天时代的永恒标志。苏联赢了这一局。这颗卫星的发射比苏联人预期的影响更大、更深远。世界各大报刊都在显要位置用大字标题报道：《轰动 20 世纪的新闻》《科技新纪元》《苏联又领先了》《俄国人又打开了通往宇宙的道路》等。世界上许多与苏联友好的国家都为此举行了盛大的庆祝集会和游行。

紧接着，1957 年 11 月 2 日，苏联又发射了第二颗人造地球卫星"卫星 2 号"。"卫星 2 号"要重得多，因为运载了一只莱卡的小狗，又一次轰动了世界。莱卡成了第一个飞上太空的动物明星。不过那时候苏联还没有掌握卫星的回收技术，所以莱卡在太空中飞行了 4 天之后因氧气耗尽而悲惨地死去。"卫星 2 号"在太空中绕地球 2757 圈之后于 1958 年 4 月 14 日坠落，在进入大气层时销毁，莱卡的遗体也随之"火化"。

▲ 3.1.3 竞赛失利，苏联的侦察卫星来得比美国晚了一些

苏联到 1962 年 3 月 16 日，才正式宣布拥有侦察卫星。事实上，苏联也在马不停蹄地进行着侦察卫星的研制，只不过他们的野心害了自己，所以他们自己的侦察卫星比美国人的晚了一年半。

1957年苏联成功地发射了世界第一颗人造地球卫星后，负责运载火箭和卫星计划的总设计师科罗廖夫就提出了侦察卫星计划，但是野心勃勃的苏联于1958年又批准了"东方号"载人飞船计划，负责侦察卫星设计的国防工业部第1试验设计局同时要肩负"东方号"载人飞船，以及其他几个最高优先级的火箭项目，设计师们的压力日益增大，技术问题也接踵而来。为了保证进度，1958年11月，科罗廖夫决定对该项目作出根本性改变，他将原来的设计方案完全推倒，开始对卫星进行重新设计，以使其与第1试验设计局的另一个重大项目——"东方1号"载人飞船（图3-4（a））计划相互兼容。这个决定背后的原因很简单：两者有个共同点，就是它们都必须确保返回舱安全再入和着陆。既然目的相同，何必要研制两种截然不同的系统呢？曝过光的胶卷完全可以用航天员所乘坐的那种再入舱送回地面。

图3-4　"东方1号"载人飞船（a）与"天顶号"侦察卫星（b）

1961年，苏联完成世界上第一次载人轨道飞行之后，"天顶号"侦察卫星（图3-4（b））立刻成为科罗廖夫最优先的计划。1961年底，第一颗侦察卫星已经准备就绪。为了掩盖发射侦察卫星的秘密，在"天顶号"即将发射前，苏联从卡普斯金亚尔发射场先发射了几颗"宇宙号"科学研究卫星。这样精心准备之后，1962年3月16日，塔斯社宣布苏联也成功发射了"宇宙4号"卫星，并声称这颗卫星的目的是"继续研究我们的太空"。西方国家一开始以为这颗卫星是为了载人飞行计划作准备，实际上就是"天顶2号"照相侦察卫星。

"天顶2号"侦察卫星除了用于执行照相侦察任务以外，还用来执行电子侦察任务，主要用于截获美国和北约的军事无线电通信和雷达频率。为了达到这个目的，卫星上除了搭载了相机以外，还安装了无线电接收机，所侦收的信息被暂时记录和存储在卫星上，待下一次与地面控制中心通信联系机会到来时再传下来。卫星上有一部高增益抛物面天线，用来下传电子侦察数据。

以"宇宙"为掩饰的侦察卫星发射计划一直持续到1963年的"宇宙20号"。以侦察卫星为技术手段的太空间谍战使美苏两国都尝到了"甜头"，而且是巨大的成功。当他们偷着乐完了之后，太空间谍战却一发不可收拾，越演越烈，竞争越来越激烈。

▲ 3.1.4　连创佳绩，苏联人第一个坐飞船上了天

冷战时期，苏联和美国在不同的领域不亦乐乎地你追我赶，航天领域的竞争也是相当激烈，创造了一个又一个航天科技的佳绩。载人航天方面同样如此。

1. 密集的时间表

1957年苏联选拔了第一批航天员。从3000名候选对象中选出20人作为培训对象，最后选出6人作为第一批航天员。1958年6月5日，苏联科学院院士、火箭飞船总设计师科罗廖夫在为政府起草的《开发宇宙空间的远景工作》中提出1961—1965年完成研制能乘2人或3人的载人飞船，1962年开始建造空间站。紧接着，到了1959年，苏联又选定21人作为第二批航天员。

在训练航天员的同时，苏联还紧锣密鼓地进行着一次又一次的飞船飞行试验。1960年1月，苏联成功发射了2艘无人的卫星式飞船，进行了亚轨道飞行。1960年5月15日，苏联在拜科努尔发射场用"东方号"火箭首次发射无人卫星式"飞船1号"。飞船返回时，由于姿态控制系统故障，将返回制动角调反了，制动火箭变成了加速火箭，把飞船抛向另一条轨道，这艘飞船于1962年5月坠入大气层燃烧。1960年7月23日，苏联发射的卫星式飞船又因火箭故障失败。

1960年8月19日，苏联发射卫星式"飞船2号"，飞船上面载有2条狗和42只老鼠。飞船在轨道运行18圈后，于8月20日顺利返回地面。这是苏联首次从地球轨道上回收生物。

1960年12月1日，苏联发射卫星式"飞船3号"成功。飞船绕地球飞行24h后返回。返回时因再入角过大，返回舱及其上的2条小狗在大气层中烧毁，返回失败。

1960年12月22日，苏联发射卫星式飞船时，因火箭故障失败，但返回舱安全着陆。

1961年3月9日,苏联发射无人卫星式"飞船4号",船内载有1头小猪、1条小狗及一些小生物,还装有模拟航天员的假人。飞行圆满成功,并在指定地点着陆。

1961年3月23日,苏联航天员邦达连科在为期10天的地面训练的最后一天,在一个高浓度氧气舱里,用酒精棉球擦完身上固定过传感器的部位后,随手将它扔在电热器上,立即引起大火。他被严重烧伤,10h后,抢救无效死亡。

1961年3月25日,苏联发射载有小狗的卫星式"飞船5号",并成功地返回。

1961年4月12日苏联发射世界第一艘"东方1号"载人飞船。尤里·加加林乘"东方1号"用了108min绕地球运行一圈后,在萨拉托夫附近安全返回。加加林成为世界上第一位上天的航天员。

从这份密集的时间表中,如果和前面美国进行载人航天试验进行比较的话,我们就可以想见当年美苏两个超级大国竞争有多么激烈了!

2. 加加林代表人类的首次太空之旅

1961年4月12日清晨,苏联拜科努尔宇航中心碧空万里,来自苏联空军的尤里·加加林上尉(图3-5),身穿橙黄色的太空服,头戴密封头盔,缓缓走进运载火箭顶部的"东方1号"宇宙飞船。这座飞船重4545kg,它包括一个直径2m多的环形乘员舱和一个圆筒形的机械舱,乘员舱有3个观测窗口,另外还有监测温度、湿度和气体比例的仪表以及电视摄像机等设备。

图3-5 太空第一人——尤里·加加林

莫斯科时间上午9时7分,SL-3型运载火箭尾部喷出了炽热的火焰,呼啸着托着飞船离开地面，飞向太空。加加林在升空后通过无线电随时向地面控制中心报告他的感受和印象，当密封太空舱加速到前所未有的 2.8 万 km/h 的速度时，他感到体重加大了 6 倍。他报告说："我看见了地球，感觉良好。"

转眼间，"东方 1 号"宇宙飞船进入了近地点 180km，远地点 222～327km，倾角约 65°的预定轨道，发动机关闭。加加林感到自己失重了。他从窗口向下望去，一个蓝色的巨大星球浮现在他的眼前，加加林被眼前的美景惊呆了："这就是地球吗？多美啊！"尽管当时没有照相机，但他按照地面指令，一边认真地观察着地球，一边在笔记本和录音带上精确地描述着失重漂浮的神奇感觉，并不时地向地面报告着。他说，从太空可以清晰地看到地球上的海岸和河流等详细地貌。

10 时 15 分，当"东方 1 号"宇宙飞船飞近非洲大陆时，人类历史上第一次载人航天就要结束了，这是前无古人的尝试，但能否返回地面还是个未知数，加加林面临着生死考验。

10 点 25 分，飞船制动装置按照程序接通，发动机向前进的方向猛烈地喷射出高温气体，于是，飞船开始逐渐减速，离开了运行轨道，进入了稠密的大气层，沿着经过精心计算的角度和航线向地球降落。10 点 55 分，飞船在太空飞行了 108min 后，弹射出巨大的降落伞，飘落在伏尔加河畔离预定着陆点 10km 的田野上。

加加林首航太空成功的消息，使克里姆林宫的领导者和苏联火箭专家科罗廖夫欣喜若狂，他们又一次赢得了胜利的桂冠。同样是这个消息，却深深地刺痛了大洋彼岸的五角大楼，他们再一次饱尝了失败的苦果。

当时，苏联对这次太空飞行的大部分情况是严格保密的。直到 1991 年，由于俄罗斯公布了以前的保密文件，全世界才对这次飞行有了一些了解。1996 年 3 月，当时担任这次飞行的地面指挥官耶夫格尼·卡尔波夫上校的遗孀把丈夫的笔记本拿到美国纽约索思比拍卖时，人们才知道这次飞行中，加加林因飞船故障险些葬身太空。

原来，在被拍卖的笔记本里详细记录着加加林乘坐"东方 1 号"飞船从发射到返回地面的全过程，"东方 1 号"飞船由乘坐宇航员的球形密封座舱和圆柱形仪器舱两部分组成。它在轨道上飞行时与末端运载火箭在一起，总长 7.35m。在返回地面时，座舱与仪器舱分离而单独进入大气层。当座舱降到离地球表面 7km 时，宇航员被弹出座舱，然后用降落伞着陆。卡尔波夫在他的笔记本里用潦草的笔迹写道，加加林的座舱与仪器舱分离的时间，原计划为 10s，而实际却用了 10min，而且两者分离后，座舱开始向地面返回时一度失控并慢慢旋转起来,此刻,卡尔波夫写了粗大醒目的"故障"两字,而且在字后加了3个惊叹号。美国宇航专家认为,从卡尔波夫笔记透露的情况来看,如果座舱与仪器舱不能分离,那么"东方1号"飞船及其乘员加加林有可能出现重返大气层时被烧毁的危险。研究苏联宇航计划的美国专家《轨道上的红星》一书的作者詹姆斯·奥伯格在评论卡尔波夫笔记时说,在世界宇航竞争中,报喜不报忧的现象是司空见惯的。

1963年6月16日,苏联在国际妇女代表大会召开前夕把女宇航员瓦莲金娜·捷列什科娃(图3-6)送上太空。这在当时引起极大的新闻轰动。人称她为"穿裙子的宇航员",苏联又摘取了一个"世界第一"。捷列什科娃当时26岁,在"东方6号"飞船上生活了72h 42min,绕地球飞行了72圈。落地5个月后结婚生子。

图3-6 世界上第一位女宇航员捷列什科娃

1967年4月苏联的"联盟1号"首飞出师未捷,飞船返回时因伞绳缠绕降落伞未打开,航天员科马罗夫摔死,这是人类载人航天历史上牺牲的第一位航天员,"联盟号"也因此停飞了一年半。

3.1.5 不甘示弱,苏联也有了反卫星武器

苏联于1961年成立太空防御司令部,反卫星被列为太空防御的头号任务。冷战时期,苏联发展的反卫星武器主要有共轨式反卫星武器、定向能反卫星武器两大类型。

1. 共轨式反卫星武器

1963年,苏联开始研制共轨式反卫星武器,其重点型号是地基共轨式反卫星拦截器,主要用于攻击地球低轨道的军用卫星和其他航天器。苏联反卫星武器专家认为,虽然环绕在地球轨道上的卫星移动速度非常快,但是卫星

第 3 章 俄罗斯（苏联）军事航天发展

在轨道上的位置却极易确定。同时，由于卫星系统设计极为复杂，结构比较脆弱，因而只要攻击卫星的武器有足够的精度，仅以金属碎片抛撒在卫星前方就可将其摧毁。

苏联从 1968 年 10 月开始进行非核反卫星飞行试验，1978 年宣布达到实战水平。到 1982 年 6 月为止，苏联利用"宇宙"系列卫星和 SS-9 型运载火箭进行了共 20 次太空武器拦截目标卫星的试验。"宇宙"拦截卫星用 SS-9 型洲际火箭发射入轨，并接近轨道高度在 1000km 以下的目标卫星，当距离数十米时根据指令引导引爆高能炸药使战斗部产生高速破片，以击毁目标卫星。

苏联反卫星系统试验分三个阶段进行：

1968 年 10 月—1971 年 12 月为第一阶段。在该阶段，共进行了 7 次试验，其中 5 次成功。拦截高度为 230～1000km，截击时绕地球飞行的圈数为 2 圈。基本机制是：在敌方卫星飞行到发射阵地上空时，将反卫星拦截器发射进入靶星接近的轨道，然后拦截器在自身携带的雷达的引导下机动 90～200min（1～2 圈），等接近靶星时引爆，通过弹头的预制破片摧毁目标，作用距离高达 1km。

1976 年 2 月—1978 年 5 月为第二阶段。苏联在该阶段共进行了 9 次拦截试验，4 次成功。在 4 次获得成功的试验中，有 2 次是在第一圈拦截成功，2 次是第二圈拦截成功。最大拦截高度接近 1600km。

第二阶段的试验比第一阶段更为复杂。1976 年、1977 年进行了一次性发射 3 颗靶星、接着又一次性发射 4 颗拦截器进行拦截的试验，1978 年进行的试验则只发射了 1 颗拦截器。在这期间，苏联共进行了 4 种模式的卫星拦截试验，包括：

① 近地点拦截模式。拦截器在目标轨道的近地点附近快速越过目标。
② 共轨式拦截模式。从与靶卫星接近的轨道上逐渐地接近靶卫星。
③ 远地点拦截模式。拦截器从自己轨道上的远地点附近经过目标。
④ 弹跳（pop-up）拦截模式。1977 年第一次开展试验，拦截器进入一个远低于目标的轨道，然后加速上升到目标高度。

1980 年 4 月—1982 年 6 月为第三阶段。在此阶段，苏联共进行了 4 次拦截试验，2 次使用红外导引头、2 次使用雷达导引头，均是 2 圈拦截的试验，苏联官方认为有 2 次成功，但西方学者认为只有一次试验成功。出现争议的试验是 1982 年 6 月 18 日"7 小时核战争"实战演习中进行的反卫星试验。苏联方面称，在这一天，苏联发射了"宇宙1379 号"截击卫星，卫星在逼近

"宇宙1375号"靶星时,以发射"密集如雨的钢球"的拦截方式,成功地把目标卫星摧毁(图3-7)。但西方学者认为,虽然拦截器经过靶目标的时候的确是在有效杀伤范围内,但由于拦截器的引信出现故障过早点火,导致靶星并没有毁伤。

图3-7 苏联20世纪80年代研制的太空武器,发射很多小球摧毁轨道卫星

此后,苏联继续进行反卫星武器的研制,一直持续到苏联解体,最后一种反卫星系统代号为IS-MU,1991年投入使用,可在1圈内实现接近并摧毁目标,由于拦截速度很快,敌方太空监视系统很难跟踪到拦截器,从而使敌方卫星无法进行规避机动。

苏联解体后,俄罗斯一度搁置了反卫星武器研制计划,但在2010年,时任俄太空部队司令奥古斯塔曾表示,俄罗斯已恢复研发"监测"和"攻击"卫星。2014年,俄罗斯国防部网站也曾透露,俄总统普京批准重启"树冠"反卫星项目,并已开始试验。

2. 定向能反卫星武器

定向能反卫星武器是利用由激光束、微波束、粒子束、等离子束、声波束等,产生强大杀伤力,用以摧毁或损伤目标的武器系统。共同特点是:①能量集中而且高,击中目标后会使目标破坏、烧毁或熔化;②传播速度接近光速,一旦发射即可击中目标;③武器系统发射的是激光束、粒子束等,它们被聚集得非常细,来得又突然,对方难以发现射束来自何处,来不及进行机动、躲避或对抗。

苏联从20世纪60年代开始研究激光反卫星武器,主要部署平台有地基、空基和天基,其中地基反卫星激光器进展较大。苏联共进行了 18 次反卫星激光武器试验,11 次获得成功。1975 年,苏联地基反卫星激光器开始进行试验。1975 年 10 月 18 日,在莫斯科以南 50km 处,苏联连续 5 次用激光器照射 2 颗飞临西伯利亚上空的美国预警卫星,使其红外传感器失效达 4h 之久。图 3-8 所示为苏联地基反卫星激光武器效果。

图 3-8　苏联地基反卫星激光武器效果

1981 年 3 月,在"宇宙"系列卫星、飞船和"礼炮号"太空站上进行了一系列激光武器打靶试验,装在"宇宙杀伤者"卫星上的激光器使美国一颗照相红外侦察卫星上相关设备被摧毁,致使该卫星失效。

长期以来,苏联的多种高功率微波技术研究一直处于世界领先地位。苏联在 20 世纪 50 年代就开始研究电磁脉冲的效应和军事应用,70 年代以来高功率微波源已获得迅速发展。

苏联研制出工作在 X 频段的单脉冲返波振荡器采用预聚束的电子束和一种高级电磁模式,在 60ns 脉冲内能够输出 15GW 的峰值功率,能量转换效率达 50%。小型便携式高功率微波源可产生 0.1～1GW 的峰值功率,脉冲重复频率为 100Hz,比当时美国研制的同类产品的指标要高出一个数量级。

▲ 3.1.6　中途折戟,苏联人最终还是没能在月亮上行走

"阿波罗"登月计划的成功使美国在载人登月方面获得了世界第一,而苏联的载人登月计划因种种原因始终没有实现,只是向月球表面发射了无人探测装置。

实际上,早在 20 世纪 50 年代末,苏联的几家设计局就向苏联领导层递交了短期、中期和长期航天计划,但是苏联政府批准了短期和特定的计划,

包括载人登月在内的长期计划却搁置了。

与苏联科学家的敏感不同的是，赫鲁晓夫对美国航天事业的发展估计严重不足。当肯尼迪宣布登月计划之后，赫鲁晓夫听取了航天专家、火箭发动机设计权威格鲁什科的报告。格鲁什科汇报了两种登月方案：①德国人布朗的登月计划；②从地球直接向月球发射登月飞船的方案。按照第一种方案，苏联将在地球轨道上组装航天器，然后再飞往月球。为此，自然要把这些航天器部件送上地球轨道，而根据当时的火箭运载能力，完成这一任务需要发射 15 次以上。按照第二种方案，从地球直接向月球发射登月飞船，需要用比苏联最先进的 A-2 运载火箭还要大 15 倍的巨型火箭。当时美国还没有发射过威力像 A-2 一样的火箭。听了这些计划的汇报后，赫鲁晓夫断定，肯尼迪的登月计划只是宣传。苏联的登月计划也因此耽搁下来。

1962 年 7 月，美国航空航天局为"阿波罗计划"选定了一种新的月球轨道交会登月法。采用该方法，"阿波罗"登月飞船在进入月球轨道之后将停留在绕月轨道上，由宇航员驾驶登月舱登上月球。等完成考察计划后，登月舱再返回绕月轨道和登月飞船会合，进而返回地球。这样，即可使用功率相对较小的运载火箭来发射飞船。此刻，苏联本应意识到美国的登月计划已不能等闲视之，但他们仍然认为美国在 1970 年之前不可能实现这个计划。于是，苏联制订了第一个载人探测计划——载人绕月飞行计划。该计划与登月计划分开进行，分散了苏联原本并不充裕的科研资源，为日后载人登月计划的黯然退场埋下了隐患。

因为苏联决策层对美国意图的总体误判，苏联直到 1964 年 8 月，才做出奔月决定，当时美国人已经干了 3 年，即使如此，登月的具体实施方法还是拖到了 1967 年 2 月才获准通过，此时距美国人登月已不到 30 个月了。

除了决策失误导致错失时机以外，在美苏登月竞赛最关键的时期，当时苏联发展航天事业的灵魂人物——科罗廖夫的病逝是另一个重要原因。作为苏联著名的火箭、航天系统总设计师、实验宇宙航行学奠基人的科罗廖夫，曾代表苏联在世界航天发展榜上写下了数次第一。有人说，美苏载人航天竞赛的历程，就是美国的布劳恩与苏联的科罗廖夫较量的历程。此言虽然片面但却深刻。科罗廖夫病逝后，继任者都无法像他一样，把指挥、激励、协调、领导、设计和追求细节的能力集于一身，兼具设计师、规划者、政治任务、行政管理者和预言家的优秀品质。随着他的去世，苏联航天计划的发展再也不复他那个时代的盛况，再也没有他那样的驱动力了。事实上，正是科罗廖夫的去世才是美苏月球竞赛达到高潮时（1968—1969 年间）出现差距的真正原因。

事实上，早在 1956 年 4 月，科罗廖夫就首次提出了一系列关于探月的具体建议。1960 年，苏联作出《关于研制大推力运载火箭、卫星、宇宙飞船和开发宇宙空间的决定》，科罗廖夫领导的设计局开始了超级运载火箭 N1 的研制，其低轨道运载能力为 70t，目的是向火星发射无人重型探测器。1962 年初步完成研究工作后，即转入技术准备工作。由于受美国制订"阿波罗计划"的影响，苏联当局决定抢先登月。于是在 1962—1964 年间，科罗廖夫的设计局按登月计划要求对 N1 运载火箭进行了多次更改，有效载荷先后从 50t、到 75t、92t、95t 一直提高到 98t。1964 年 8 月 3 日，苏联政府通过了《关于月球和宇宙空间考察工作的决定》，规定了登月计划的具体任务和期限。整个登月计划包括载人宇宙飞船和登月舱、"质子号"火箭和巨型的 N1 运载火箭（图 3-9）。当时确定了三种登月方案，但无论选择哪种登月方案，都要求研制全新的巨型多级火箭，因而就使 N1 火箭成了登月计划的核心，且设计方案几经变化。可是，由于 N1 火箭研制时间很短、技术难度大，加上科罗廖夫与格鲁什科政见不合，因此，科罗廖夫病逝后，1974 年 5 月，格鲁什科接替了科罗廖夫原来的副手、科罗廖夫的继任者——米申的职位，终止了 N1 火箭计划，苏联的载人登月计划从此折戟沉沙。

图 3-9 苏联月球飞船登陆车与巨型火箭

2022 年 4 月，俄罗斯总统普京在访问东方航天发射场时宣布，将在 2022 年晚些时候发射 Luna-25 月球探测器，重启登月任务。Luna-25 任务计划将一艘无人航天器送上月球表面，该任务延续了苏联的同名太空计划。Luna-25 是俄罗斯更广泛的航天计划的一部分，其中包括在 2035 年与中国在月球共建一个研究站。普京还表示，俄罗斯将继续致力于开发新一代运输工具以及核太空能源技术,并称俄罗斯在这些技术中具有明显优势,且承诺将重现苏联在完全技术孤立的情况下取得的成功。

3.1.7 主打反卫,苏联也有一个"星球大战"计划

20世纪80年代,美国总统里根提出的"星球大战"计划,被炒得沸沸扬扬,几乎达到家喻户晓的地步。然而,苏联早已在20世纪60年代后期,就已从理论上秘密探讨研制天基武器的可行性。当里根提出"星球大战"计划后,苏联随即加紧实施其一揽子天基武器计划,但由于苏联人行事历来秘而不宣,致使苏联的这些计划鲜为人知。

由于苏联提出的天基武器研制计划内容与美国的"星球大战"计划类似,并认为这两个计划相似之处都以天基武器系统研制作为主要内容,西方有学者称之为"红星大战"计划。不同的是,美国版"星球大战"计划主要是针对弹道导弹的攻击,而苏联版"星球大战"计划则主要用来摧毁敌人的卫星。

虽然20世纪90年代中期有关这些计划的一些细节已有所泄露,但详细内容就连俄罗斯国内也是进入21世纪后才知晓。资料显示,苏联版"星球大战"计划主要包括以下几种天基武器的研制计划。

1. **天基激光反卫星武器**

20世纪70年代,苏联就启动了天基激光反卫星武器的设计工作。能源公司在1976年开始研究"斯基泰人"天基激光反卫星武器和"卡斯卡德"空基反卫星武器。最初能源公司计划用天基武器击落处于飞行初段的美国洲际弹道导弹,因为这时导弹飞行速度较慢。他们计划以"礼炮号"太空站(1971年开始发射)为基础,研制配备激光武器的"极地号"太空船。该太空站可以在轨补充燃料,2名宇航员可在其中待上1星期。但由于当时苏联国防部认为,苏联的技术尚达不到从太空击落洲际弹道导弹的水平,因此决定将"斯基泰人"和"卡斯卡德"用于打击美国的预警卫星(当时还不存在,甚至还没有立项)。

1983年,美国总统提出的"星球大战"计划直接刺激了苏联的太空武器计划,苏联军方加紧了"极地号"太空站和"斯基泰人"激光器的开发。那时,苏联的激光器主要还是由天体物理设计局研制,但该设计局研制的激光系统又大又笨重,当时的火箭无法将其送上太空,因此,改为对一种小型的、1MW的二氧化碳激光器进行改造,该激光器已经在"伊尔-76"运输机上作为反导武器进行了试验。1984年8月,新武器系统授权由"礼炮"设计局研制,代号"斯基泰人-D"。到了1986年1月,苏共政治局已将该项目定为苏

联最重要的航天项目之一，计划在1987年初进行发射。由于"斯基泰人-D"激光系统对于当时的"质子号"火箭来说太大了，又改为使用在研的"能源号"运载火箭。

"斯基泰人-D"系统最后发展成了一种巨型航天器：近40m长，最大直径在4.1m左右，重达95t。该航天器由服务舱和功能舱两部分构成。服务舱位于上半段，包括太阳能电池板、控制仪器和分室推进系统，负责控制飞船飞行和航向调整；功能舱位于变粗的下半段，内安装有完整的激光武器系统。

"斯基泰人-D1"基本架构在1987年经过测试，而激光系统需要于1988年在"斯基泰人-D2"上才能测试；与此同时，另一艘代号为"斯基泰人-短剑"的飞船进入研发阶段，计划配备一种能量稍弱的红外激光器，搭配地基操作系统。"斯基泰人-短剑"只能瞄准敌方卫星的光学镜头使其失明，而"极地号"飞船上的激光武器足以摧毁低轨运行的飞船。

1985年，由于"能源"运载火箭的第一次发射遭到延误，"极地号"飞船的设计者们决定制造一艘飞船对服务舱的控制系统和其他组件进行测试，他们将该飞船命名为"斯基泰人-DM"，即"演示型"，发射定于1986年秋天进行，这将不会对计划于1987年夏天进行的"斯基泰人-D1"的发射产生影响。"斯基泰人-DM"还将配备小型充气式气球目标，以模拟敌方卫星。飞船在飞行时将释放这些模拟目标，然后用雷达跟踪，用激光器瞄准。演示卫星的发射最后推到了1987年，因为需要对发射台进行改造，以适应像"能源号"这么重的火箭。这样的改造技术难度不大，但计划的推迟对该项目的政治前途产生了重大影响。

1986年，上任刚一年的苏共中央总书记戈尔巴乔夫已开始号召进行全面的政治经济改革，旨在控制毁灭性的庞大军费开支，并且他也越来越反对苏联的"星球大战"计划。1987年1月，在离"斯基泰人-DM"的发射还有几星期时，苏联政府勒令对演示飞行期间进行的试验做出了限制：可以将飞船送入太空，但不能对排气系统进行测试，也不能释放任何跟踪目标，还删减了其他试验项目。

1987年5月15日夜里，"能源号"火箭顺利点火升空，"斯基泰人-DM"按计划与"能源"火箭分离，有12层楼高的飞船开始慢慢调整姿态。它的尾端，实际上是飞船的前部，开始旋转，90°，接着是180°……，巨大的飞船整个转动了两圈之后才停下来，这时其头部又指向了地球。由于赶时间，设计者们忽略了一个微小的软件错误。接着，发动机开始点火，"斯基泰人-DM"又重新冲回了大气层，由于温度过高，飞船在太平洋上空化作了燃烧的碎片。

"极地-斯基泰人"项目消耗了大量的经费,初次发射又以失败而告终,这给该项目的反对者提供了依据,他们强烈要求放弃该计划,后续飞行也被取消。

图 3-10 为苏联太空反卫星高能激光系统战斗示意图。

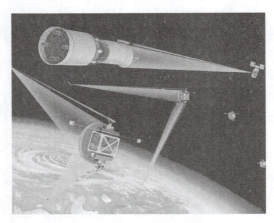

图 3-10　苏联太空反卫星高能激光系统战斗示意图

2. 作战空间站

苏联在空间站方面领先美国 10 年左右。20 世纪 70 年代后期,苏联先后发射了"联盟号""礼炮号""和平号""进步号"等系列十数艘不同用途飞船,创造了人类在太空生活 366 天的世界纪录。

为了在国际斗争中争取有利的地位,苏联大力加强反美"星球大战"计划的宣传,说它是进攻的计划,把它同核裁军谈判捆在一起讨价还价,以阻止美国"星球大战"计划的实施,同时提出了"星球和平"的口号,大力加快自己的太空开发计划。为了实施这个计划,1986 年苏联给其发射的新一代空间站起名为"和平号"(图 3-11),而实际上却在这个大型空间站进行了有关激光武器和粒子束武器的试验,以便通过这些试验加强其军民两用科技的发展,从而达到与美国在太空领域里的军事抗衡。

作战空间站不同于一般供宇航员巡访、居住和工作的大型载人航天器,它装载有武器,可以进行天基作战。由能源公司研制的作战空间站由两种不同类型的航天器组成。一种装激光武器,另一种装自主寻的导弹。前者由于要求有较大的空间来安装发电设备与其他设备,所以携带的燃料相对较少,如前文所说的"极地号"空间站,而后者携带较多的燃料,以便供它运动到进入攻击位置。苏联计划部署两种太空战斗站混编部队。装导弹的作战空间站用于攻击低地轨道上的卫星,而装激光武器的作战空间站则主要用于攻击高的和地球同步轨道上的目标。

图 3-11 "和平号"空间站与太空飞船

尽管在高强度作战情况下,作战空间站可以有 2 名宇航员,他们可以在太空驻留 7 天时间,但在一般情况下,这些战斗空间站可以遥控操纵,不用人就可以停留在外层空间上。能源公司还研制了其他两种天基武器系统,一种是靠动能来拦截重返大气层的飞行器并予以摧毁的小型导弹拦截器;另一种是以"和平号"太空站为基础改造成的中心作战空间站,它是一种非常精心设计的太空打击系统,既可以单个使用,也可以战斗群方式使用。战斗站上的武器估计可能是弹道导弹或无动力的滑翔核弹,主要作战对象是地球上高价值的目标。

3. 用于反卫作战的空天飞行器

这类研制计划主要包括两个:"螺旋"空天战斗机和"暴风雪"航天飞机。

1962 年,苏联空军提出了高超声速有翼航天飞机的五年发展计划。1965 年,科罗廖夫将这个项目交给了米高扬设计局。这是一种两级空天飞行器,被命名为"螺旋"。它包括两部分:高超声速母机(GSR)和军用飞船(OS),基本设想是:起飞借助于滑跑车,在时速达到 380~400km 时,"螺旋"和滑跑车脱离,飞向空中。在高超声速母机达到预定速度和高度时,军用飞船脱离母机飞向轨道。军用飞船是一种单座有翼作战飞行器,可以安装不同任务模块,执行侦察监视、拦截太空目标等任务,还可安装上面级,检查敌对的航天器。军用飞船可在简易的机场跑道降落。

由于资金和技术上的困难,"螺旋"计划母机并没有制造出原型机,只造了一架"米格-105"的亚声速气动外形验证机。该"米格-105"验证机于1976年10月11日在莫斯科附近的茹科夫斯基试飞基地进行了首飞,1977年11月27日,该机由"图-95K"携带在5000m高空进行了首次投放试验,并安全返回地面。

20世纪70年代初,美国制定了研制航天飞机的计划,苏联当局将其视为搭载核武器的工具,1976年决定发展类似的航天器作为对这种威胁的回应,并于20世纪70年代后期决定终止"螺旋"项目,全部转为研制"暴风雪"航天飞机。苏联人将其设想为航天武器和作战太空战的运输工具。

1988年11月15日,苏联的"暴风雪"航天飞机(图3-12)从拜科努尔航天发射场首次发射升空,47min后进入距地面250km外的圆形轨道。它绕地球飞行两圈后,按预定计划于9时25分安全返航,完成了一次无人驾驶的试验飞行。虽然苏联的航天飞机首飞比美国晚,但却是一次无人的自动飞行,在某些技术要优于当时的美国。

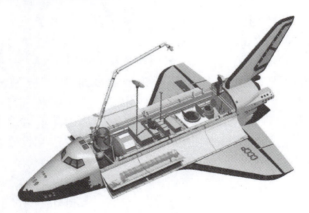

图3-12 "暴风雪号"航天飞机

首飞完成之后,由于"暴风雪"计划的资金濒临耗尽,而苏联当局也对庞大的投资心存疑虑,到苏联解体后,更是彻底失去了资金支持。1991年,苏联军方停止了对该计划的拨款支持。

4. 其他武器系统

除了上述研制计划,苏联还研制了地基反卫星武器,如IS-MU地基反卫星武器、Nyrad-v地基反卫星武器、Kamin太空雷及一些反导武器系统。

3.2 军事航天的继承与稳定

1991年苏联解体后，俄罗斯继承了苏联80%以上的航天基础设施和技术力量，并于1992年成立了俄罗斯航天局，1993年组建了俄罗斯军事航天力量，由它们主管俄罗斯的民用与军用航天活动。尽管政治上动荡，经济形势一路下滑，俄罗斯军事航天能力的发展仍受到较大的重视。苏联解体后，俄罗斯的航天经费逐年下降，1995年时降到不足7亿美元。但是在俄罗斯非常有限的航天经费中，军事航天的费用约占60%以上，为4亿多美元。虽然总发射次数逐年减少，但军事航天发射次数占所有航天发射的比例没有太大下降，仍维持在60%~70%。

1993年俄罗斯原国防部部长格拉乔夫指出，未来的战争将从"双方的空-天进攻行动"开始。在这样的战争中，将没有前线，太空成为一个独立的军事行动舞台。俄罗斯的军事理论家们也认为，科学技术的发展将导致新的"第六代"战争——"空天战"的出现。因此，俄罗斯在面临重重困难的情况下，仍重视军事航天力量的建设，特别是军用卫星、天基攻击性武器的研究与发展。

3.2.1 实践出真知，太空作战理论开始形成并逐步完善

1995年6月，俄罗斯出版了《航天器的作战应用》一书，全面论述了武装部队特别是空军部队在制订作战计划与执行作战任务时如何运用航天器以及对抗敌方航天器的基本理论与实际操作问题。该书认为，太空力量由最高统帅部管理控制，用于保障武装力量的作战，以及在宇宙空间进行武装斗争。其应用范围包括打击、拦截、侦察、通信等14项基本任务，太空力量群体的任务是进行独立作战或参加与各军兵种群体密切配合的联合作战。俄罗斯军事专家对太空力量在作战中重要性的认识，最突出的一位是俄罗斯总参军事学院科研部主任斯利普琴科将军，他在其所著的《第六代战争》中提出，"由军事领域的革命引发的第六代战争，战争将脱离了地面并转移到空中和太空。太空很快将成为主要的战争区，随后将成为一个战区。未来战争将以长时间的进攻性航空航天作战开始或结束，空中和太空成为主战场，将是真正意义上的航空航天作战。"

2000年4月，俄罗斯国防部在其出版的《俄罗斯军事学说》和《俄联邦国家安全构想》中表达了最新军事观点："未来战争中的军事行动将以天基为

中心，夺取制天权将成为夺取制空权和制海权的主要条件之一。"俄军认为，未来战争将从航空航天部队集团的打击开始，旨在消灭军队和武器的管理系统，然后可能展开电子斗争，摧毁防空系统。整个国家，同其工业设施、交通基础设施等，都将变成战场。2001年，俄罗斯通过了2001—2010年的《国家太空计划》，提出了一整套完善的太空作战理论，从太空作战原则、作战区域划分、作战对象、作战武器系统到主要作战样式都做了系统的界定，并设想出应对未来太空作战的三种作战样式：太空进攻作战、太空防御作战和太空信息保障作战。俄罗斯把抗击美国和北约"空天袭击"和"战略性空天战役"作为作战理论核心。

2014年12月19日，俄罗斯发布新版《俄联邦军事学说》，它展示俄罗斯官方关于准备和实施武装保卫俄联邦的一整套观点。《俄联邦军事学说》第32条"武装力量的基本任务"中规定："保障俄联邦最重要目标的空中-太空防御，并做好抗击空中-太空袭击兵器突击的准备。""在具有战略意义的太空区域部署和保持航天器轨道系统，以保障俄联邦武装力量的行动。"

总体而言，俄军目前关于太空作战理论的主要内容包括：

1. 联合力量"制天权论"

俄军从战术角度出发，提出了联合力量夺取"制天权论"。俄军认为"太空战"并非只是一般意义上传统战争形态的延伸，而是拥有独特的战术要素体系。组成传统战术体系的一些基本概念、规律、原则、作战样式和战法等需要在"天战"新的"游戏规则"下重新进行审视和界定。未来的"天战"将是以"天军"为主体，可能采取"天对天""空对天""地（海）对天""天（空）地（海）一体"等对抗形式，其目的是夺取"制天权"。

2. 重新划分太空作战战场空间

根据现阶段人类航天活动主要涉及的宇宙空间，俄罗斯军事专家将太空战区划分为2部分：近地空间战区和月球空间战区。近地空间战区包括距地球表面100～4万km的太空、陆地地域和世界大洋水域，在这个空间范围内将展开轨道集团，发射、控制和保障兵力兵器，以及"地球-太空"级作战兵力兵器。月球太空战区包括距地球表面30万～45万km范围内的宇宙空间、月球地域等，在这个空间内将展开轨道集团，发射、控制和保障兵力兵器，以及"月球-太空""月球-地球"级作战兵力兵器。

与其他理论相比，这样划分显示了以下三个特点：①作战空域范围由近地太空战区拓展到了月球太空战区；②划分方法体现了空天一体化思想；③新理论显示了俄罗斯对太空开发的重视程度和研发方向。近月战区是个崭新的概念，显示俄罗斯未来太空战的战略想定已包括近月太空。

3. 太空作战的基本原则

俄军认为，太空作为作战空间的特性和空天军的作战任务决定了太空作战应遵循以下原则：

（1）统一指挥，集中指挥。强调航天器作战指挥权高度集中统一，将各种太空作战力量在关键时节，向关键目标进行集中。

（2）快速决策，灵活机动。充分发挥航天系统的高机动性优势，灵活机动作战。

（3）充分准备，积极主动。太空作战的优长在于进攻，即使实施太空防御也应是积极主动的攻势防御。

4. 太空作战的主要样式

按照俄军传统作战理论，结合太空作战的特点，俄军将太空作战主要划分为三种样式。

1）太空进攻作战

以反卫星作战为主。使用的武器装备包括宇宙飞船、太空站、轨道站、航天飞机、卫星、地基定向能和动能武器等，依照俄军现有的装备水平，执行太空进攻作战的主力是截击卫星、地基定向能武器和载人航天器。需要指出的是，俄罗斯的反卫星武器系统从属于俄罗斯太空防御系统，在理论上应属于空间防御作战的一部分，但按照国际惯例，反卫星作战应属于太空进攻作战的一种类型。

依据俄军现在的装备水平，可以将反卫星作战方式细化为以下 3 种：

（1）使用截击卫星系统对敌卫星实施攻击。利用截击卫星或"杀手卫星"进行共轨破片杀伤，在苏联解体前，就已具有低轨道、地球同步轨道卫星的拦截能力。

（2）使用地基定向能武器对敌卫星实施攻击。俄军认为，太空的空间特性有利于新概念武器的使用，目前，俄罗斯发展比较成熟的新概念武器主要是激光武器。

（3）使用载人航天器对敌卫星实施攻击。俄军认为，与截击卫星相比，由人操控的载人航天器更具灵活性和快速反应性，载人航天器将不仅是攻击近地轨道、同步轨道和高轨道卫星的最佳太空作战武器，而且也将是未来太空进攻格斗作战的最佳武器。这里的载人航天器主要有宇宙飞船、航天飞机和轨道太空站。随着俄罗斯太空机器人技术的不断发展，未来地面远程操控载人航天器里的机器人开展太空作战行动将成为可能。

2）太空防御作战

依据俄军空天防御理论和空天兵的作战任务，太空防御作战主要分为 3 种形式：

（1）导弹袭击预警。俄罗斯空天兵将导弹袭击预警作为其最优先的战略任务，战略导弹和导弹预警系统已成为俄罗斯维持与美国战略平衡的两大支柱。

（2）太空监视。俄罗斯空天兵的太空监视系统，平时任务主要是太空目标探测、识别、编目，为太空作战积累太空目标情报资料；战时则可用于监视敌方战前卫星轨道机动、发现战备征兆，并为太空作战提供目标情报信息。

（3）战略导弹拦截。战略导弹拦截曾经是苏联导弹航天防御兵最主要的作战任务之一，也是航天防御作战的主体。目前，俄军现役最先进的反导系统是 A-135 系统（用核弹头），但从发展趋势来看，采用常规拦截弹头或使用动能及定向能武器进行拦截，将是未来俄军反导系统发展的主要方向。

3）太空信息保障作战

按照俄军理论，太空信息保障作战可细化为以下 5 种形式：太空通信保障、太空侦察保障、定位导航保障、太空气象保障和太空电子对抗，总体上可等同于太空信息支援作战和太空电子对抗作战的合成。其中，执行电子对抗作战的系统主要担负对敌指挥机构和武器装备实施电子干扰，以削弱敌侦察技术装备和进攻性武器装备使用效率的任务。

5. 太空战役战术模式

目前，俄罗斯军事理论界根据未来战争发展的趋势，又提出了一种新的太空作战理论"战略性空中-太空战役"。俄罗斯学者同样"把战略性空中-太空战役"分为进攻和防御两种，交战双方都试图通过一次或几次突击来达成战役战略目的，因此，战争多半是短暂的。

按照该理论，战略性突击非常重要。根据战役的目的及双方力量对比，通过计划和实施一次或几次战略性突击，以摧毁敌方的军事和经济潜力，使其丧失继续作战的意志和能力。战略性突击一般划分为两个阶段：第一个阶段的主要内容是实施首次和第二次战略突击，破坏敌军事-经济潜力，使国家或国家联盟退出战争。主要措施有：通过获得在信息领域、指挥控制方面的优势，夺取战场主动权；压制防空和导弹防御系统；毁伤战略核力量、陆、海、空等作战力量等。这个阶段持续时间为 10～15 天。第二个阶段的主要内容是连续实施战略突击，持续时间为 30～60 天。

3.2.2 重视军事航天力量，组建航天部队

俄罗斯一贯重视发展航天力量以维护自身安全与大国地位。俄罗斯在常规力量无法与北约抗衡的情况下，把军事航天力量作为维护大国地位、遏制侵略、维持战略稳定的有效因素和重要手段。在俄罗斯（苏联）航天建设发展过程中，其航天力量几次与战略火箭军合并和分立，折射出俄罗斯在利用航天力量和平衡各种作战力量需求问题上的选择。

1955 年，苏联在战略火箭兵编成内组建了卫星发射试验部队。1964 年，战略火箭兵组建了航天器中央局，负责发展航天系统。此后，随着军用卫星系统的不断发展，航天器中央局升格为航天器总局，所属航天部队遂行的任务逐渐增多，所担负的跨军种作战任务与隶属于战略火箭兵指挥序列不相适应。为此，苏联国防部 1982 年将航天器总局从战略火箭兵编成内划出，直接隶属国防部，而后升格为航天器主任局。

苏联解体后，俄罗斯延续航天力量与战略火箭军分立的做法，1992 年，在原苏联航天器主任局领导下的航天力量基础上，成立了俄罗斯航天局和军事航天部队。但随着俄罗斯经济形势的恶化，航天经费无以为继，卫星补网发射基本停滞，在轨卫星数量锐减，这使得航天装备失去了面向作战的应用能力。1997 年，俄罗斯将航天部队并入战略火箭兵。然而，并入战略火箭兵没有遏制军事航天能力下滑的局面。而且，在俄罗斯军方高层中有意见认为，合并不利于将航天力量发展成为一支面向现代战争的军事力量。

进入 21 世纪后，在美国退出《反导条约》并积极推进导弹防御系统建设的形势下，2001 年 1 月，俄罗斯总统普京又做出一项俄罗斯军事航天史上具有历史意义的决定：将从属于俄罗斯战略火箭军的军事航天部队和太空导弹防御部队抽调出来，独立组成一个新的航天兵，直属俄罗斯武装力量指挥。2001 年 6 月 1 日，俄罗斯太空部队司令别尔米诺夫上将宣布：从当日零时起，俄罗斯航天兵正式宣告成立，开始全面履行其职责。普京对新组建的俄航天兵寄予了很大的希望，他表示，太空部队的军事卫星能够成倍地增加俄罗斯武装部队的能力，使之反应更迅速。普京并称，"如果没有太空部队或者航天军事力量的话，那么根本就谈不上加强全球的战略稳定"。

航天兵是进攻型的太空部队，主要有两项任务：①负责俄罗斯军用卫星的发射工作；②负责对敌方的太空武器系统进行打击，其最重要的装备是已基本具有实战能力的反卫星卫星和反卫星导弹。航天兵自独立后，俄罗斯军事航天能力快速恢复，在轨卫星数量增至 100 余颗。

与军事航天部队一起独立出来的太空导弹防御部队则是防御型的部队，主要任务也有两项：①监视美国的导弹发射装置；②对美国的国家导弹防御系统进行打击。太空导弹防御部队将全面负责现有太空导弹预警卫星网，它将是一个地面指挥综合体，装备了指挥和绘图装置、信息接收装置和计算机等，负责俄罗斯军事卫星集群的管理与发射，以便对美国境内的500多处导弹发射装置进行全面监视。

有了太空导弹防御部队，俄罗斯对于对付美国人的国家导弹防御（NMD）系统充满了信心，时任俄罗斯国防部部长谢尔盖耶夫表示："早在80年代里根推出'星球大战'的时候，苏联就已经准备好3套专门对付美国国家导弹防御系统的庞大方案，既然苏联时代这些技术就已经发展成熟，所以现在只需重新开启计划，就足以对付美国的国家导弹防御系统。我们只需在新型的白杨导弹上部署更多的弹头或加装假弹头，那么美国的导弹防御系统就会一攻即破"。

为应对美欧带来的空天威胁和理顺自身关系，2011年11月8日，根据时任俄罗斯总统梅德韦杰夫的命令，俄罗斯将航天兵和空军的防空部队合并组建为空天防御兵，俄罗斯原航天兵司令奥斯塔片科中将担任空天防御兵司令。空天防御兵的具体任务包括：向国家和军事指挥机构通报导弹袭击预警，反击空天域内的侵略行动，保卫国家和军队重要目标、防止敌人空天打击，对太空情况实施侦察，发射军用和军民两用航天器以及控制在轨航天器。从2011年12月1日起空天防御部队指挥所开始担负战斗值班任务，部署在俄罗斯全境和独联体一些成员国境内的空天防御部队每天有超过3000名官兵担负战备值勤。

俄罗斯强调独立进入太空的能力，并在新的军事学说指导下积极构建国家空天防御体系，以应对国家安全面临的越来越严峻的空天威胁。俄罗斯2012年出台的《2030年前及远期俄航天活动发展战略（草案）》提出，为实现俄罗斯在太空中的战略利益，俄罗斯必须能够独立地进入太空并有效地排除其他国家的不友好行为。2014年5月俄罗斯联邦航天局公布《2013—2020年俄罗斯航天活动》国家计划，主要目的是促进本国科技及社会经济发展，同时保持俄罗斯在国际航天领域的领先地位。

2015年8月3日，时任俄罗斯国防部部长谢尔盖·绍伊古在电话会议上宣布，俄罗斯武装力量新军种空天军已经组建完毕，已于8月1日起投入战斗值班。空天军在空军和空天防御兵合并的基础上组建，负责集中指挥和统一管理作战执勤的空中、防空和反导力量，发射并控制俄罗斯的轨道航天器，管理运行导弹预警袭击系统与太空监视系统。

对此，普京在国防部扩大会议上强调，部署航空航天部队有助于统一调动航空、太空导弹防御和防空资源，从而极大提升保卫俄罗斯领空和临近空间的水平。这无疑是俄罗斯太空军事力量建设的又一次变革。图 3-13 为苏联/俄罗斯航天力量发展变化简图。

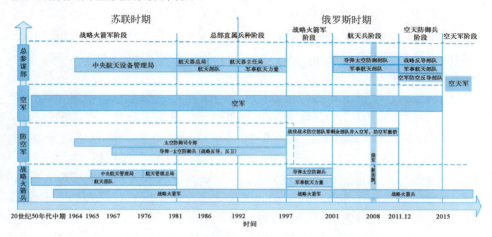

图 3-13　苏联/俄罗斯航天力量发展变化简图

3.3　军事航天的运用与完善

苏联解体后，俄罗斯虽然没有像美国那样打了几次规模较大的现代化局部战争，但在危害本国安全利益的反恐问题上，也是毫不手软地打了几次漂亮仗。俄罗斯在赢这几场仗的过程中，同样依靠其国内的航天系统，虽然不像美国那样能够调用那么多的航天系统，也打出了自己的特色和效果。

3.3.1　第二次车臣战争，军事航天初露锋芒

第二次车臣战争是俄军为彻底铲除车臣民族分裂势力、坚决维护联邦统一和国家安全而发起的一场反恐战争。战争自 1999 年 9 月开始，至 2002 年 7 月主要作战行动基本结束，历时近 3 年。这是俄罗斯独立后动用军队最多、强度最高的一次大规模军事行动。

在第二次车臣战争中，俄军根据战场上的具体情况和前次车臣战争经验，

并借鉴美军在近几年局部战争中的惯用打法，形成了一套与俄军军事体制、装备构成相适应的创新战术。此次军事行动中，航天系统得到了充分的作战应用。

1. 严密组织战前情报侦察，为制定作战计划和作战指挥提供情报信息

俄罗斯对车臣组织军事行动之前，首先采用先进的侦察手段对车臣境内非法武装的活动规律、兵力部署、重要军事设施和无线电频率等情报进行了详细的侦察。俄军专门建立了天、空、陆、电一体化的侦察监视网，严密监视车臣境内恐怖分子的动向，车臣恐怖分子的一切活动和所有固定目标都在俄军侦察飞机和侦察卫星的严密监视之下。俄军的侦察卫星、侦察飞机、测绘卫星、气象卫星以及地面侦察部队为作战部队提供了及时、准确的情报，保证了对敌打击的高效果。俄军除使用军用侦察成像卫星以外，还运用"苏-24MP"侦察机、"安-30B"侦察机、"米格-25PB"侦察机、"米-8"空中侦察与指挥直升机和"蜜蜂-1T"无人驾驶侦察机等遂行空中侦察。针对车臣恐怖分子装备有外部势力提供的大量无线电台，俄军还特别加强了电子侦察能力，严密监控恐怖分子无线电通话情况。

2. 在侦察卫星获得准确目标数据的基础上，依赖空中力量、远程火炮、地对地导弹对车臣非法武装分子实施远程精确打击

为减少与敌进行短兵相接的作战，俄军主要使用了"苏-24"前线轰炸机、"苏-25"强击机以及陆军航空兵的"米-24""米-8"侦察作战直升机及"卡-50"系列直升机，遂行了70%～80%的火力打击任务。根据车臣非法武装分子的游击战术，俄军航空兵在遂行空中打击任务时，也表现出了较强的灵活性，主要采取3种战术：①轰炸机等利用战前侦察卫星等获取的非实时目标情报数据和战时"蜜蜂"无人驾驶侦察飞机等提供的实时目标情报数据对车臣境内的大量炼油厂、油井和输油管道等工业设施，以及恐怖分子的基地、指挥所、弹药库、火箭炮阵地、防空兵器、防御工事、重要的交通枢纽及其他目标等，为地面部队作战创造了有利条件；②将"米-24"武装直升机与"米-8"空中侦察与指挥直升机组成混合飞行战术分队，"米-24"武装运输直升机通常按照"米-8"空中侦察与指挥直升机传递的目标指示信息对敌点状目标实施火力攻击；③在不需"米-8"空中侦察与指挥直升机参与时，直接由"米-24"武装运输直升机完成"空中游猎"任务。在执行"空中游猎"任务时，"米-24"武装运输直升机通常采用双机编队，在地面直升机引导员的积极配合下，独自对敌火力阵地、装甲运输车队、油库和弹药库以及军需库等重要军事目标实施攻击。

此外，在地面作战中，俄军也尽可能地减少与敌进行短兵相接的作战，以扬长避短、减少伤亡。俄罗斯炮兵在空中力量的支援下，使用"冰雹"火箭炮、"飓风"火箭炮、"姆斯塔河"C152毫米自行榴弹炮和"姆斯塔河"A152毫米牵引加榴炮等，对非法武装匪徒的集结地和支撑点、主要头目住所、弹药库等重要目标实施非接触性精确打击。

3. 在天基信息支援系统和空中打击力量的支援下，稳扎稳打、逐个拔点

在卫星侦察系统等情报系统和空中打击力量的支援下，地面部队兵分三路，运用稳扎稳打、逐个拔点的战术，充分发挥俄罗斯多种力量相互配合的优势。对依托居民点顽抗的武装匪徒，俄军先以正规部队进行包围、封锁、进攻，攻占后再以警察部队和民兵进行"清洗"和"梳剿"，待向新建地方政权移交以后，才向下一个目标推进，最终将非法武装匪徒压缩到车臣南部山区；对敌要点和支撑点的攻坚作战中，俄军强击支队如遇到非法武装匪徒的顽抗，便暂作撤退，及时召唤炮兵和航空兵对敌进行火力摧毁，然后地面部队再继续攻击；在反复争夺城区的拉锯战中，俄军强调以实施火力机动歼敌为主，力避与敌近战，从而既达到了攻坚的战斗目的，又减少了不必要的伤亡。

▲ 3.3.2 俄格战争，天基信息支援下的精确打击

俄罗斯与格鲁吉亚之间爆发战争，是2008年8月8日至8月18日，格鲁吉亚和俄罗斯为了争夺南奥塞梯的控制权而爆发的战争。在国际各方的调停下，格鲁吉亚和俄罗斯分别在8月15日和16日在停火协议上签字，俄军于8月18日开始撤离格鲁吉亚，战争结束。

在俄格战争中，俄军只经过5天的激战，就打败了企图以闪电战控制南奥塞梯的格鲁吉亚军队，迅速控制南奥塞梯的首府茨欣瓦利。与第二次车臣战争相比，俄罗斯在快速兵力投送能力、多军种协同能力、精确打击能力和网络战能力四个方面都有了明显提高。俄军战机在侦察卫星、侦察飞机等的情报支援下，对格军占领区的重点目标实施空中精确打击。俄军参战后，几十架战机基于卫星侦察系统等情报系统提供的目标情报数据，对格鲁吉亚军队设施展开了猛烈空袭，包括基地、机场、公路、雷达站、港口、通信系统和指挥系统等，基本瘫痪了格鲁吉亚军队的持续作战能力。这些目标中有许多都在居民密集区内，但对平民造成的伤亡相比格军在南奥塞梯1天的军事行动中造成的还要少得多，俄军充分依靠格洛纳斯系统，使精确打击能力得以提高。

3.3.3 乌克兰危机，俄罗斯对美国太空反制

乌克兰危机中，美俄各自在背后动作频频，虽未有太空领域的直接对抗与天基信息支援，但通过太空领域的相互制裁，进行了新一轮的"冷战"。美国冻结了与俄罗斯的太空交流合作。作为反击，俄罗斯也采取了一系列措施。

（1）表示在 2020 年之后不再与美国就国际空间站（图 3-14）进行合作。国际空间站是 15 个国家共建的空间站，主体结构由俄罗斯和美国建设，由俄美两国轨道舱段组成。2011 年之前，美国和俄罗斯的航天飞机和"联盟号""进步号"飞船往来于国际空间站。在"亚特兰蒂斯号"2011 年 7 月进行谢幕飞行之后的一段时间内，俄罗斯的宇宙飞船成为通向国际空间站的唯一工具。2014 年 5 月，俄罗斯表示拒绝美国将国际空间站延长到 2024 年的建议，俄罗斯希望在 2020 年国际空间站到期后将资金用于更有前景的新航天项目中。目前两国在国际空间站上的合作尚未受到影响，俄罗斯的宇宙飞船飞往国际空间站的计划并没有因为两国的政治关系而发生改变。鉴于至少在当前，美国的载人太空飞船仍未服役，有人认为美国决策的失误为普京对抗美国制裁提供了机会。

图 3-14　国际空间站在地球上方飞行

（2）停止向美国出售两款运载火箭引擎。俄罗斯宣布停止向美国出口两款火箭引擎，这两款火箭引擎主要用于美国发射军用卫星和大型载荷的运载火箭。

（3）俄罗斯关闭了美国 GPS 在俄罗斯的地面基站。俄罗斯政府早已决定全面打造自己的全球定位导航系统——格洛纳斯系统。2012 年，俄罗斯政府

提出在美国建设 8 个格洛纳斯地面基站的提议,但是美国以国家安全为由,双方没有就此达成协议。在美国冻结与俄罗斯进行太空合作之际,作为报复,俄罗斯政府宣布从 2012 年 6 月 1 日起,暂停美国 GPS 在俄罗斯地面基站的军事功能。如果美国还是不同意在其境内建立格洛纳斯地面基站,俄罗斯将根据谈判结果做出新决定。也就是暗示,如果达不成协议,俄罗斯将在 9 月 1 日全面终止运行境内的 GPS 地面基站。尽管俄罗斯专家认为政府决定不会对国家安全造成影响,但是国际组织和一般用户使用 GPS 将受到影响。

两国太空关系的交恶,对国际太空形势造成较大影响,美国和俄罗斯太空合作越来越少。

▲ 3.3.4 雷霆怒击,打击叙利亚境内的"伊斯兰国"军事行动

2015 年 9 月 30 日,俄罗斯应叙利亚政府的请求对其境内的"伊斯兰国"等极端组织展开大规模空袭。6h 后,俄罗斯空军就在叙利亚空军的配合下,首次对叙境内的极端组织目标实施打击。俄罗斯出动了数十架战机和里海舰队,动用 10 余颗卫星从太空对叙利亚进行侦察,利用导航卫星进行精确制导,经过连续数日的精确打击,摧毁了"伊斯兰国"的军事指挥所、弹药仓库、兵工厂及火炮阵地等一大批重要目标,作战效果明显优于此前美国领导的 11 国反恐联盟(图 3-15)。俄罗斯强大的空天军力量,不容小觑。

图 3-15　俄罗斯空袭叙利亚极端组织场景

(1) 航天侦察情报与人力情报等多源情报融合运用,使反恐情报更有效。

俄罗斯媒体认为,此次俄罗斯对"伊斯兰国"空袭取得重大战果要归功于俄罗斯与伊朗、伊拉克和叙利亚四国之间开展的情报合作,这个以俄

罗斯为主组建的四国情报中心最大的亮点在于"人工情报"。为了提高对"伊斯兰国"空袭的战果，俄罗斯航天部队动用了12颗卫星对叙利亚进行侦察，还派出大量侦察飞机、陆基侦察装备等收集图像、电子等情报，但最重要的还是最传统的人力情报。四国联盟中的叙利亚和伊拉克是受"伊斯兰国"组织危害最深的两个当事国，熟悉当地情况，具有广泛的人力情报资源获取资源，对于规模小、机动能力强、分散且混迹普通平民之中难以分辨、头目行踪隐蔽的恐怖分子组织来说，单纯依靠侦察卫星、侦察飞机等高科技侦察装备还存在着"看不清、辨不了、来不及、成本高"等传统难题，在这种情况下，依靠本地力量的人力情报却能以成本极低的方式弥补反恐作战中高科技装备目前存在的短板。俄罗斯通过组建四国联盟，真正实现了高科技装备与传统人力方式的多源情报融合，使打击行动获得了极大的助力，极大地降低了打击"伊斯兰国"的成本，大大提升了作战效能。

（2）导航卫星提供精确导航定位服务，使新式联合作战更廉价更联合。

在俄罗斯打击叙利亚境内的"伊斯兰国"组织之前，以美国为首的西方国家主导的几次高科技局部战争都是使用以航空母舰编队为基础的大舰、巨舰模式，从十万吨的航空母舰，到八九千吨的驱逐舰，再到"战斧"巡航导弹，完全是十分奢侈的打击模式，而俄罗斯在这次开创了一种新的廉价的远程打击模式，在"格洛纳斯"导航卫星提供的精确导航定位信息的支持下，主要依托里海舰队这样的小规模舰队，从两三千吨的护卫舰上发射巡航导弹进行远程打击，导弹的整个射程可以突破 1500km，越过伊朗、伊拉克一直打到叙利亚，收到了很好的打击效果。此外，在空袭过程中，俄军刻意混合使用高、低搭配的战机和精确、非精确制导的弹药，80%的行动由苏-24 和苏-25 执行，而最先进的苏-34 新型前线轰炸机则发挥其先进机载航电设备的优势，在瘫痪敌指挥所的作战中发挥了关键作用。在精确情报的指引下，需要精确时就使用精确制导武器，袭击指挥所、弹药库、通信节点等点打击目标，精度要求不高的时候就使用老旧弹药打击恐怖分子训练营、武装据点等面杀伤目标，不仅击毙大批恐怖分子，还淘汰了老旧武器，有效降低了作战的费效比。据西方智库测算，俄罗斯空袭"伊斯兰国"每天开支约为 235 万美元，远低于美国打击"伊斯兰国"的 1090 万美元的日均开销，作战效果却有目共睹。这种更加廉价的新型打击模式，与西方国家做了有效的对比和抗衡。

此外，这次行动中俄罗斯采取了使用其空中打击力量和叙利亚政府军地面部队相互配合的方式，实现了一种新式的更高层次多国空地联合作战，避免了因派出本国地面部队而带来的各种风险，这也是以美国为首的西方国家目前尚不具备的。

（3）注重贴近实战的作战理论研究积累，使反恐新战法更务实更灵活。

相比基地组织那种隐蔽于山区等复杂地域的传统恐怖组织，"伊斯兰国"借助中东乱局占据一定面积的国土，并依仗其中的石油资源建立了根据地，从而使其战斗力、危险性、持久性更强，但"伊斯兰国"这种全新的恐怖形式却失去了恐怖组织原有的非对称优势。"伊斯兰国"组织的控制区域地处沙漠，沙漠中道路和交叉路口稀少，交通线路可选余地很小，这就造成了"伊斯兰国"的后勤补给十分脆弱，即使由于叙利亚、伊拉克和伊朗的空战能力太差而不能独立切断其交通线，俄罗斯空中作战力量却正好可以承担这一重任。俄罗斯正是利用"伊斯兰国"组织的这一致命弱点，在作战重心选取上，依靠侦察卫星提供的清晰图像，采用打击战场上的重要军事目标、切断后勤补给和经济来源相结合的思路，使"伊斯兰国"组织因为经济和战争资源枯竭而加速灭亡，体现出务实灵活有效的特点。

（4）与平台无关、与目标无关的理念，使新式武器装备性价比更高。

在使用的新型装备方面，俄罗斯的新型武器表现出色，某些新型装备已经接近甚至超过了美国。以"口径"巡航导弹为例，实战表现优于美国"战斧"巡航导弹。"口径"巡航导弹是一个多用途导弹家族，可以打击地面、海上等多种平台上的目标，也可以搭载在多种作战平台上，命中精度高、威力大。"口径"巡航导弹射程远，用于打击海上目标时射程为 350km，用于打击地面目标时射程为 1500km，而携带核弹头时最大射程可达 2600km。从以往的冲突经验看，美国打击密集建筑物要使用 3～4 枚导弹，而俄罗斯使用国产的格洛纳斯卫星导航系统和精确制导武器对标准目标只使用 2 枚导弹，只有规模较大的目标才会使用 3 枚导弹。"口径"巡航导弹的机动能力也非常出色，在此次战争中，"口径"巡航导弹的弹道跨越两国上空，在 80～1300m 的高度完成了 147 次变轨，飞行速度可与喷气式飞机相媲美。美国北美防空司令部司令威廉·戈特尼上将认为，俄罗斯这种新型巡航导弹对美国国防构成重大挑战，十分精准，作战半径大，远程飞机不用离开俄罗斯领空就能用核弹头打击美、加两国的目标。另据俄罗斯国防部网站 2015 年 7 月 16 日的消息，俄军武器装备现代化已经超过 30%。

3.4　军事航天的振兴与强化

苏联解体后,俄罗斯继承了苏联国防科技实力,但是在强化太空军事实力过程中,考虑到传统苏式军事太空政策对国家财政的巨大负担,以及侵略性的太空政策会引发战略对手的过激反应,恶化外部环境,故而选择保持平衡的太空军事政策,在维护国际法律秩序的同时确保太空军事的有序发展,但是曾一度可与美国媲美的各类军用卫星数量急剧下降,到2002年时只有97颗在轨运行。然而,苏联解体并没有换来以美国为首的北约的宽容,北约东扩、经济制裁不断挤压俄罗斯的战略生存空间,俄罗斯2014年发布的《联邦军事学说》将北约作为俄罗斯面临的首要军事危险,将太空武器化作为重要军事危险。近年来,面对美国与北约咄咄逼人的空天威胁,俄罗斯重建军事航天大国的步伐不断加快,军事航天装备建设突出了3个重点:①建设以导弹预警卫星、战略预警雷达、太空目标监视为主的战略防御体系,确保能够有效监视美军导弹发射活动,为战略威慑力量提供关键预警反击信息;②建设动能反卫、轨道战反卫、电子战反卫力量,作为克制美国为首北约的天基信息优势,必要时使太空域不可为敌所用,2021年11月俄罗斯还向北约明确展示了反卫能力;③大力开展热核动力飞船、巨型微小卫星星座等研究,力图夺取未来太空作战新高地。

3.4.1　重振国威,努力恢复各类卫星在轨运行

俄罗斯2012年颁布的《2030年前及未来太空活动发展战略》,将太空军事化发展具体划分为4个阶段:①2012—2015年为恢复阶段,利用现有太空资源,发展遥感、卫星、通信系统满足国防和安全需求。②2016—2020年为巩固阶段,在提升技术水准的基础上,启动旧式运载火箭升级项目,研制"安加拉"重型火箭,培训太空人才,巩固太空强国地位。③2021—2030年攻坚阶段,启动近地空间利用拓展和太空探索等大型项目,确保俄罗斯具备独立发射、维护航空器的能力,完成新型太空装备在近地空间的部署以及实施登月计划。④2030年后突破性发展阶段,在月球部署太空设施,向外太空发射探测器,将致力于太空能源开发、太空技术创新。

截至目前,俄罗斯拥有卫星总数近200颗、军事卫星约100颗,涵盖成像电子侦察、军事通信、导弹预警、卫星导航等主要领域,但约有80%超出服役年限。俄罗斯建有由2个卫星飞行控制中心(加里宁格勒、加里茨恩)、

第3章 俄罗斯（苏联）军事航天发展

陆基测控站、海上测量船、中继通信卫星组成的航天测控网，具有强大的航天测控能力。俄罗斯拥有4个航天发射场（哈萨克斯坦拜科努尔、普列谢茨克、斯沃博德内伊、东方航天发射场），正在研发"安加拉"轻型、中型、重型运载火箭，逐渐取代"质子"火箭。

1. 恢复、巩固、突破三步走，促侦察卫星上台阶

俄罗斯曾先后研制了"天顶""琥珀""蔷薇辉石"等多种类型的返回式成像侦察卫星，目前仍然使用"琥珀"系列的改进型"钴-M"。"钴-M"从2004年开始发射，分辨率可达0.45～0.5m，2015年6—9月，俄罗斯继续部署了一颗"琥珀/钴-M10"胶片返回式侦察卫星。

俄罗斯计划用"角色"光电传输型侦察卫星逐步取代"琥珀/钴-M"返回式侦察卫星。2008年7月、2013年6月和2015年6月俄罗斯发射了三颗"角色"卫星。该系列卫星运行于750km圆轨道，设计寿命5～7年，采用光电传输式设计，能够将卫星获取的图像直接或者通过中继卫星及时地传输到地面接收站。卫星光学系统的主镜直径为1.5m，空间分辨率0.3m。2015年2月，俄罗斯发射了新型"雪豹-M1"测绘卫星，弥补了长期以来无军用传输型光学测绘卫星的空白，2016年3月又成功发射了"雪豹-M2"卫星。"雪豹-M"卫星放弃了"琥珀"卫星平台，采用了模块化结构，相机分辨率1.1～1.35m，幅宽60km，有7个工作谱段。卫星还携带了激光测高系统，进一步提高了测量精度。这些卫星使俄罗斯具备全球高时效性军用地图测绘能力，为其军事斗争提供关键支撑。

俄罗斯电子侦察卫星主要是"蔓"系列的"莲花-S"和"芍药"NKS两种型号卫星。2009年11月20日俄罗斯发射了首颗"莲花-S"卫星，2013年秋发射了第2颗。该卫星可通过无线电技术侦察手段拦截敌方数据传输，包括语音通话。2014年第一颗"芍药"NKS卫星入轨，该卫星可侦察电子情报并准确定位目标。2021年6月"芍药"（Pion）NKS-1电子侦察卫星发射入轨，该卫星是"芍药"NKS海洋监视系列新一代电子侦察卫星的首星，重量为6.5t，设计使用寿命4～5年，卫星的轨道高度500km、轨道倾角67°。

2013年6月、2014年12月，新型的"秃鹰"-1（编号"宇宙"-2487）以及秃鹰-E1（编号"宇宙"-2503）雷达侦察卫星成功发射入轨。该系列卫星是俄罗斯近20年来首次部署的合成孔径雷达卫星。卫星采用S频段合成孔径雷达，其详查模式包括聚束模式和条带模式，其分辨率分别为1～2m和1～3m；普查模式为扫描模式，分辨率为5～30m。该卫星的发射入轨使俄罗斯具备了全天时、全天候成像侦察能力。

2. 新老交替，预警卫星更新换代

俄罗斯使用的预警卫星主要包括"眼睛"（Oko，也称 US-KS）卫星和"预报"（Prognoz，也称 US-KMO）卫星。其中，"眼睛"卫星是苏联研制的第一代预警卫星系统（图 3-16），主要由大椭圆轨道预警卫星网组成。其有效载荷为红外探测器和摄像机，地面分辨率约 4km，卫星寿命 3～5 年，多数部署在大椭圆轨道。"眼睛"卫星可在弹道导弹发射 5min 后报警，预测导弹弹道参数，提供 25min 的预警时间。至 2007 年 10 月前，该系统仅有 1 颗高轨道卫星在轨，每天对美国洲际弹道导弹基地的覆盖时间为 4～6h，用于探测从美国本土发射的洲际弹道导弹，不能探测海基和其他区域发射的导弹。2007 年 10 月 23 日，俄罗斯发射了一颗"眼睛"高轨道卫星，该卫星主要用于监视北大西洋的导弹发射。US-KS/US-KMO 系统于 2014 年退役。

图 3-16　俄罗斯第一代预警卫星——"眼睛"卫星

"预报"卫星是俄罗斯第二代预警卫星系统，主要由地球同步轨道卫星组成。其载荷为硫化铅红外探测器，预警范围比"眼睛"卫星有较大扩展，部署在地球同步轨道上。1991 年发射了第 1 颗"预报"地球同步轨道卫星，1996 年"预报"卫星正式担负战斗值班任务。该系统卫星用于探测美国大陆之外，尤其是美国战略核潜艇发射的潜射弹道导弹。目前该系统仅有 1 颗地球同步轨道卫星在轨，可昼夜 24h 监视导弹发射区，并能从云层后面探测地球上的导弹发射，覆盖导弹袭击危险方向的区域，但探测可靠性不高。

"统一空间系统"（EKS）卫星是俄罗斯目前唯一在役的预警卫星。EKS 是俄罗斯新一代导弹预警系统，该卫星探测对象可涵盖洲际弹道导弹、潜射弹道导弹和战术弹道导弹。EKS 包括大椭圆轨道（HEO）"闪电"类卫星（又称"苔原"卫星）以及地球静止轨道预警卫星。星座有效运作需要 10 颗 HEO 卫星和数颗地球静止轨道卫星。前 3 颗 HEO 轨道卫星分别于 2015 年 11 月、

2017年5月、2019年9月部署。2020年5月发射第4颗"冻土"（Tundra）卫星，"冻土"系列卫星属于EKS，"冻土"轨道能够让卫星在北半球上空驻留较长时间，但需要用更多的卫星来实现连续覆盖。2021年11月第5颗HEO轨道卫星入轨。

3. 型号多样，通信卫星覆盖面广

俄罗斯目前主要有"箭""彩虹""急流""闪电"等型号军用通信卫星，分别部署在低轨道、大椭圆轨道和地球同步轨道，覆盖面广。

"箭"系列为低轨卫星，整个星座由2个轨道面上的12颗卫星组成，曾于1998—2001年间停止发射，2001年12月又开始恢复发射。

"彩虹"卫星、"急流"卫星、"鱼叉"卫星都部署在地球同步轨道，其中"彩虹"（Raduga）系列为军民两用，用于传输数据、电话、电视和专用信息，可为军事领导层通信提供安全通道。"急流"卫星属于军用数据中继卫星，主要功能是对"琥珀"侦察卫星提供中继服务，同时也承担地面站之间的通信任务。"鱼叉"卫星也属于中继卫星，主要用于为"芍药"卫星等新一代侦察卫星提供服务。2013年11月，俄罗斯最新一颗的"彩虹-1M"通信卫星成功发射入轨。"彩虹-1M"卫星也称为"地球仪-M"（Globus-M）卫星，搭载有C频段、L频段和X频段转发器，可提供多种通信服务，包括固定通信、移动通信等，可直接连接俄罗斯空军、海军的战役战术指挥层次。

部署在大椭圆轨道上的"闪电"系列通信卫星主要承担俄罗斯政府和军事部门的战略通信任务，重点用于军事指挥、控制和通信。最新型"闪电"卫星为"子午线"卫星，2006年开始逐步取代原"闪电-1T""闪电-3"等卫星。2022年3月22日，"子午线M10"军民两用通信卫星成功发射。"子午线"系列卫星兼具军事和民用用途，旨在为北极舰船及俄罗斯偏远的西伯利亚和远东地区提供通信服务，能用于地面部队、地面站、飞机和舰船同指挥控制中心的通信联络。卫星可能采用格洛纳斯导航卫星所用的"飓风M"卫星平台，载有工作在不同频段的3路转发器，发射质量2.1t，设计寿命7年以上。

4. 加快补星，导航卫星国产化

俄罗斯导航卫星主要是格洛纳斯系统，系统标准配置为24颗卫星，18颗卫星就能保证为俄罗斯境内用户提供全部服务（图3-17）。近年来，俄罗斯加大了对格洛纳斯系统的建设力度，开发了新型的GLONASS-K卫星，质量只有以前卫星的一半，在轨寿命也大大延长。该系统目前授时精度为20～30ns，定位精度6m，测速精度0.15m。俄罗斯在2016年底实现了格洛纳斯

导航卫星的满星座运行，星座卫星数量达到 24 颗，且主要由寿命为 7～10 年的 GLONASS-M 和 GLONASS-K 卫星组成，其导航范围可覆盖全球表面和近地空间，用户可以不间断地获得地面、水面、空中、近地空间内的准确坐标信息，定位精度可达到 5m 左右，使用差分修正后可达到 0.3～1m，速度测量精度为 1cm/s，授时误差为 10ns。

图 3-17　格洛纳斯系统建设完成后的效果图

俄罗斯在 2022 年发射一颗 GLONASS-M 卫星，到 2024 年发射 8 颗 GLONASS-K 卫星，到 2024 年底格洛纳斯系统将能传输 L3 民用信号，预计到 2030 年将发射约 15 颗新一代 GLONASS-K2 导航卫星。

5. 重启核动力航天器项目

20 世纪，苏联和美国都曾研制过核动力航天器。1978 年，苏联核动力卫星"宇宙-954 号"由于其内部的核反应堆出现问题，卫星坠入大气层，最终坠落在加拿大东北部，造成巨大伤害。后来，由于切尔诺贝利核电站事故让国际社会对太空利用核能持负面看法，1988 年美国科学家发表联合声明，禁止在太空使用核能，苏联于 1988 年关闭此任务，但直到 1994 年美国才最终关闭类似项目。此后，再没有一个国家向太空发射过核动力航天器。但 2010 年俄罗斯政府部门批准为航天器研发核动力装置，重启核动力航天器项目。这一技术方案主要解决探月计划、远地行星探索、建立太空自动化基地等任务。据俄联邦太空计划 2016—2025 年的相应规划，俄罗斯将于 2025 年之前完成核动力太空飞船的制造和飞行试验准备。

6. "球体"计划，俄罗斯的缩小版"国防太空架构"

2018 年 6 月，俄罗斯总统普京提出建设"Sphere/Sfera"（球体）多卫星轨道星座项目，用卫星定位（导航）、地球监测和通信。普京期望该系统成为

第 3 章 俄罗斯（苏联）军事航天发展

"真正实现突破的卫星网络"，与美国的"星链"以及英国的"一网"展开竞争。"球体"计划向太空部署大约 380 颗卫星，具有通信、导航、遥感等多方面能力，具体包括通信卫星，用于互联网宽带连接的卫星、物联网卫星，及遥感卫星；旨在创建一个空间服务应用的综合生态系统，发展空间信息技术和消除数字不平等，成为俄罗斯国家经济和生活各个领域发展的重要驱动力。

2022 年，俄罗斯国家航天集团 Roscosmos 宣布，俄罗斯联邦政府批准了"球体"项目，并提供约 3.7 亿美元的计划资金支持。

3.4.2 强化战略导弹防御能力

俄罗斯/苏联是世界上第一个实战部署战略导弹防御系统的国家。俄罗斯战略导弹防御系统编制在空天军第三独立特种导弹空间防御集团军（第 3 军）。该集团军的主要任务是监测导弹发射、太空目标，向最高统帅部和总参谋部指挥中心传递预警信息，并负责莫斯科的弹道导弹防御。该集团军下辖第 45 太空监视师、第 9 导弹防御师和第 1 导弹预警师。其中第 45 太空监视师本部位于诺金斯克，管理着"天窗"光学观测系统、"天窗-S"光学观测系统、"树冠"远程雷达和光学跟踪系统、"树冠-N"低轨道目标搜索和跟踪雷达系统以及"瞬间"无线电技术探测系统。第 9 导弹防御师本部位于索夫里诺，管理着 2 部"德涅斯特-M"雷达、2 部"第聂伯"雷达、1 部"陶加瓦"雷达、2 部"达里亚"雷达、1 部"伏尔加"雷达、1 部"沃罗涅日-M"雷达、2 部"沃罗涅日-DM"雷达和 1 部"沃罗涅日-VP"雷达。第 1 导弹预警师本部位于索尔涅奇诺戈尔斯克，管理着"多瑙河-3"雷达（已拆除）、"多瑙河-3U"和"顿河-2NP"雷达。

近年来，俄罗斯在大力发展战略核力量的同时，对于战略导弹防御能力的发展和改进也给予高度重视，采取了一系列强化措施。

1. 增加预警卫星的部署

俄罗斯计划未来由 9 颗"眼睛"卫星配合 3 颗"预报"卫星，组成一个庞大的天基预警卫星星座，实现全方位的弹道导弹预警探测。天基预警卫星系统将信息实时传送至卡卢加州库里洛沃的"谢尔普霍夫-15"指挥中心。指挥中心对信息处理后，传送给位于索尔涅奇诺戈尔斯克的第三独立特种导弹空间防御集团军指挥所。

2. 加速发展新一代预警雷达

为探测和跟踪地基预警雷达难以发现的高轨道目标，俄罗斯的战略导弹防御系统还部署了地面太空光学监视系统。系统由第 45 太空监视师指挥，主要任务是监控高轨道上的人造卫星，并判定其轨道参数。目前该系统装备一套光学电子太空监视系统，系统命名为"天窗"。"天窗"光电监视系统部署在塔吉克斯坦的努列克，20世纪80年代开始建设，1990年投入试运行，2004年3月正式服役，2014年年底，新一代"天窗-M"系统完成状态测试，2015年7月"天窗-M"完成升级，其探测、通信和数据处理能力提升了4倍。系统部署在海拔2200m的塔吉克斯坦桑格洛克山上，由10个类似天文台的银球形工作站构成，每个银球内安装有大型高倍光电望远镜，每部望远镜重达几十吨。系统可跟踪120～40000km轨道高度上的太空目标，自动将搜集到的各种信息通过中央处理器进行筛选和提炼，进而分发给导弹防御指挥中心和作战指挥部等强力部门，为俄罗斯的太空监视和战略预警提供重要情报。俄罗斯地面太空监视系统还装备一个独立雷达监视系统，系统命名为"树冠"。"树冠"雷达监视系统部署在北高加索地区的泽连丘克斯卡亚，系统配备专用分米波和厘米波雷达。图3-18为"天窗"光学望远镜和"树冠"雷达。

图3-18 "天窗"光学望远镜（a）和"树冠"雷达（b）

为了弥补导弹预警的盲区，并使本国的导弹预警系统摆脱他国的限制，俄罗斯投入巨资研制了两部新型的导弹预警雷达——"沃罗涅日-DM"（图3-19）和"伏尔加河"，并计划在其境内多处部署，以取代部分陈旧的雷达，提高导弹防御和监视太空的能力。2006年12月，"沃罗涅日-DM"相控阵雷达开始试验性战备执勤。该雷达可以跟踪、测量并识别4800km以外的弹道导弹和其他目标，有效地应对突然出现的高速目标。同时，俄军计划用"沃罗涅日-DM"雷达逐步替换现有的"第聂伯河""达里亚尔"系统。俄罗斯目前正在对整个地面雷达枢纽网、超视距探测雷达站和远程早期预警雷达站进行技术改造和升级，其中包括莫斯科普希金诺的"顿河-2"多功能相控阵导弹预警雷达系统。另外，俄罗斯还计划在明斯克、尼古拉耶夫和尼古拉耶夫附近部署3部探测距离达6000km、对来袭导弹可提供25min预警的超视距雷达,在伯朝拉、利亚基、萨雷沙甘、阿巴拉科沃和未舍利夫卡等地建立 5 个作用距离达 2500~6000km、能提供 15min 预警时间的相控阵雷达分系统,并部署 11 个探测距离达 1000~4000km、可提供 2.5~10min 预警时间的远程预警雷达系统。

图 3-19 "沃罗涅日"路基导弹预警雷达(沃罗涅日-DM)

2014 年俄罗斯空天防御部队装备了新型雷达综合体、光电设备、最新型的无线电监视设施。太空监视系统被列为俄罗斯空天防御部队 2015 年优先发展的领域之一。2014—2018 年俄罗斯将建立 10 套以上先进激光光学地面站和雷达站,部署在阿尔泰地区和滨海边疆区,大幅提高太空监视能力。到 2020 年,俄罗斯已具备较为完善的反卫星、反导、防空一体化空天防御能力。

2015 年 4 月 1 日,俄罗斯国防部宣布组建一支太空监视部队,任务是执行国际太空活动准则,保证在轨航天器与国际空间站的安全。太空监视部队将利用庞大的卫星网络和地面站跟踪那些违反国际法律特别是太空交通规则的行为,并派人前往国际空间站执行为期 3 个月的太空飞行任务及日常的轨道巡逻飞行,还将与其他国家,包括美国、中国和德国的类似军队合作联合执行任务,追捕违反国际空间法的人,甚至还可以收集太空垃圾。俄罗斯国防部还计划派太空监视部队去执行深空任务,以保证外层空间边远地区的安全。

3. 改进导弹拦截系统

俄罗斯从 2002 年开始对拦截导弹进行延寿和现代化改进,2004 年 11 月、2006 年 12 月和 2007 年 11 月,俄罗斯三次成功试射了改进后的 SH-8 近程拦截导弹。改进后导弹拦截系统的构造和战斗性能十分优越,能够有效拦截各种可能的核弹打击,其射程和最大作战高度分别是原设计指标的 2.5 倍和 3 倍。

3.4.3 太空作战试验动作频频

苏联解体后,俄罗斯一度搁置了反卫星武器计划,但在 2010 年,时任俄罗斯太空部队司令奥古斯塔曾表示,俄罗斯已恢复研发"监测"和"攻击"卫星。2014 年,俄罗斯国防部网站也曾透露,俄罗斯总统普京批准重启"树冠"反卫星项目,并已开始试验。

2015 年,俄罗斯对两颗卫星进行秘密的在轨机动、变轨和交会操作,引起美国政府高度警觉,担忧俄罗斯重启搁置多年的卫星摧毁计划。据美国航天新闻网 2015 年 7 月 17 日报道,美国空军发言人称,俄罗斯 2015 年 3 月发射的"宇宙-2504"卫星已经至少进行了 11 次机动变轨,并与发射该卫星入轨的火箭上面级在轨交会,该卫星的机动能力很符合在轨反卫星武器的特性。美国国防部怀疑俄罗斯的"宇宙-2504"卫星是"卫星杀手",所进行的机动动作很可能是演练"在轨反卫星"。美国政府认为,"宇宙-2504"卫星的机动轨迹类似于 2014 年 5 月随同 3 颗"泉水"低轨通信卫星一起发射的"宇宙-2499"卫星(代号为 2014-28E,其飞行轨迹见图 3-20),后者就被美国怀疑是"卫星杀手"。"宇宙-2499"卫星原本被认为是太空碎片,随着西方太空机构跟踪到"宇宙-2499"进行了一系列非同寻常的机动、变轨和交会动作后,这引发了西方国家集体恐慌,担心俄罗斯恢复其卫星摧毁计划。美国空军部长德博拉·李·詹姆斯称,俄罗斯的杀手卫星可以拆除其他航天器上的关键系统,安放炸药甚至发起自杀式袭击。

俄罗斯的一颗"射线"(OLymp,Luch)卫星自 2014 年 9 月发射以来,多次进行在轨机动,先后靠近 4 颗卫星,包括 2 颗 Intelsat 卫星,并开始向第三颗 Intelsat 卫星机动。"射线"卫星是俄罗斯数据中继卫星。美国航天新闻网在 2015 年 10 月 9 日报道说,俄罗斯的这颗卫星通过多次机动操作,接近 Intelsat 卫星并使二者距离近至 10km。2015 年 10 月 8 日,美国战略司令部太空联合职能司令部发言人、空军上尉尼古拉斯·梅库里奥表示,自这颗"射线"卫星发射以来,还曾经 3 次与另一颗卫星相距仅 5km,但不能确定是哪颗卫星。俄罗斯这颗"射线"卫星的神秘机动行为显然已经打破了约定俗成的非合作目标之间的安全距离,引起了国际通信卫星组织和美国国防部的高度警惕,美国国防部和美国政府为此召开了多次机密会议。外界对此次卫星任务有诸多推测,一些俄罗斯太空项目观察者认为,该卫星可能在进行静止轨道与非合作目标的交会,也可能在执行电子侦察任务。

第 3 章 俄罗斯（苏联）军事航天发展

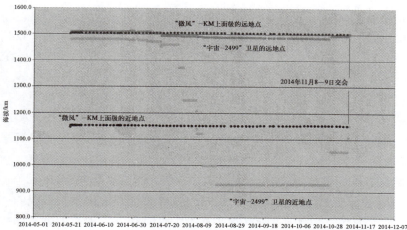

图 3-20 俄罗斯航天器"宇宙-2499"卫星的飞行轨迹

据美国"华盛顿自由灯塔"网站 2015 年 12 月 2 日报道，俄罗斯 11 月 18 日首次成功进行了一次反卫星导弹试射，此次试验的反卫星导弹代号为"努多尔"（Nudol），是俄罗斯现役反导拦截系统 A-135 的后继型。在这次成功的反卫星导弹试验之后，俄罗斯加入了"战略太空武器系统"俱乐部。2016 年 5 月，俄罗斯从普列谢茨克发射场第二次试射了可直接上升摧毁在轨卫星的"努多尔"导弹，"测试显然取得成功"，标志着俄罗斯在研发摧毁美国导航、通信、情报卫星的武器方面又取得里程碑式成就。

除了上述反卫计划和执行在轨抵近侦察任务外，俄罗斯还开发了电子战太空对抗武器。据美国《军事与航空航天电子学》2015 年 7 月 7 日报道，俄罗斯开发出一种使用定向能的新型电子战装备，不但可使各类飞机及其精确制导导弹的电子导航与制导系统失效，或将其摧毁，还可干扰 GPS 导航信号与无线电通信设备，甚至干扰、废止在轨卫星的无线电电子设备。该新型电子战武器既可装备在固定的地面场所，也可装备在车辆、飞机、水面舰艇，甚至是潜艇上。俄罗斯在叙利亚境内打击"伊斯兰国"极端组织的行动过程中，就使用了尖端的电子战力量。其中的"克拉苏哈-4"系统是一种机动的地面电子战系统，用来干扰距离最远达 300km 以外的近地轨道侦察卫星和机载监视雷达，在某程度上似乎也可以用来干扰敌军的无线电通信。一些美军高级军官和专家认为，俄军在电子战装备研发领域完成了巨大飞跃，美军在电子战领域已经落后。

2016 年 2 月俄罗斯国防部公布了庞大的军事航天计划,2016—2017 年间，将进行 12 次洲际弹道导弹发射，6 次卫星发射任务。

  2020 年 1 月，俄罗斯宇宙 2542 卫星在发射入轨后，进行了一系列轨道机动，进入与美国锁眼"12-7 卫星"（USA245）相同轨道。美军在 19h 内完成了太空态势异动感知、规避决策、任务规划、卫星变轨操控等一系列动作，"锁眼 12-7"卫星进行了两次抬升轨道，试图摆脱俄罗斯卫星，俄罗斯卫星紧追不放，机动变轨保持与"锁眼 12-7"卫星相同轨道。美国通过新闻、推特等形式对俄罗斯这一行为抗议，第三次变轨后，俄罗斯未采取进一步行动。

  2021 年 11 月 15 日据美国太空司令部官网报道，俄罗斯于当地时间 11 月 15 日发射了 1 枚陆基直升反卫（DA-ASAT）导弹，击中并摧毁约 485km 高度低地球轨道上 1 颗俄罗斯（前苏联）"宇宙-1408"卫星。据美国太空司令部官方声明透露，该事件已产生超过 1500 个可跟踪空间碎片，可能还产生了数十万个微型空间碎片，将对"国际空间站"及其他国家卫星安全运行构成严重威胁。

参考文献

[1] 李赟. 天军突起[M]. 北京：解放军出版社，2015.

[2] 武元，肖志军. 欲与天公试比高[M]. 广州：世界图书出版公司，2009.

[3] 顾诵芬，史超礼. 世界航天发展史[M]. 郑州：河南科学技术出版社，2000.

[4] 李成智，李小宁，田大山. 飞行之梦航空航天发展史概论[M]. 北京：北京航空航天大学出版社，2004.

[5] 李大光，刘志刚，李明海. 美俄太空军事力量及其作战运用[M]. 北京：人民武警出版社，2012.

[6] 冯书兴，周新红. 美俄空间力量与空间武器[M]. 北京：国防工业出版社，2010.

[7] 辜璐. 俄罗斯军事航天能否强势崛起[J]. 太空探索，2015，8：38-42.

[8] 修义嵩，高绪之. 世界导弹对抗解密[M]. 北京：国防大学出版社，1998.

第 4 章

欧洲军事航天发展

走欧洲"共同防务"的道路，建立独立、有效地获取所需战略和战术信息及战场动态的军事太空系统，实现在全球较大区域进行有效的作战和指挥。

——欧洲航天局航天技术发展目标

欧洲一直认为自己是现代军事技术的发源地，但太空时代的到来使它意识到了新的危机。尤其是1999年爆发的科索沃战争使欧洲军界开始觉醒。这是一场发生在欧洲地域上的战争，理应由欧洲国家主导，但美国却承担了这场战争中90%的空袭行动，而且欧洲部队只能依靠美国卫星所提供的情报实施作战计划。随着欧洲谋求自己管理地区事务，推动军事一体化进程的加快，欧洲在军事航天领域急于摆脱对美国的依赖，建立欧洲自己的军事航天体系。2003年，欧盟与欧洲航天局（ESA）联合发表《欧洲太空安全政策行动计划白皮书》，努力提高其国家竞争力。2007年9月法国《费加罗报》发表了题为"防务：欧洲在'太空军事'领域落后"的署名文章中谈道，"当前，欧洲只占全球用于太空军事支出的4%，而美国却占全球在该领域支出的90%，相当于占美国国防预算的7%～8%"。欧洲的一些政治和军事家都敏感地看到，无论欧洲在经济上有多大成就，如果没有自主的军事航天手段，只能任人摆布，难以在国际舞台上确立自己的地位，一个强大的欧洲必须依靠太空军事实力为支撑。欧盟会议通过的《向欧洲天基侦察系统进军》报告中提出，要建立包括光学和雷达成像侦察卫星、电子侦察卫星、导弹预警卫星、通信卫星和中继卫星在内的军用卫星体系，成为世界第三大军事航天集团。2021年1月，欧盟宣布将在2021—2027年投资160亿欧元来维持并进一步提升太空领域的领先优势，创历史新高。欧盟在极力增强自主性的前提下谋求自身安全利益的最大化。2022年2月，欧洲领导人在法国图卢兹举行太空峰会，推动欧洲合作加强太空开发与利用。

欧洲绝大多数国家都是北约的成员国，作为1949年根据《华盛顿条约》成立的军事联盟，北约存在的基石是第五条，即"对欧洲或北美一个或数个缔约国的武装攻击应视为对所有缔约国的攻击"。2022年1月17日，北约首次公开发布《总体太空政策》，声明太空对成员国的安全和繁荣"越来越重要"，并表示保留宣布太空攻击为战争行为的权利，特别强调当盟友受到太空攻击将触发北约第五条的集体防御策略，该策略曾在2021年北约布鲁塞尔峰会上公开发布。总而言之，欧洲的太空军事理论主要以北约战略政策为总体纲领，同时英法德等主要国家基于各自国情对太空军事力量的建设和运用也存在一些特色。

4.1 法国，主张欧洲航天自主的北约国家

法国作为欧洲大国，但第二次世界大战后在北约没有指挥权，1966年戴高乐总统带领法国脱离美英主导的北约，提出"欧洲人的欧洲"防务理念，随着苏联解体和北约向全球性政治军事组织转型，法国为了国家利益时隔43年于2009年重返北约，但也让渡了军事指挥权。在欧洲诸国中，法国是坚决主张"欧洲自主"的国家，从戴高乐时代起，法国就为打破美国主宰西方政治、军事格局进行过不懈的努力。法国积极推动西欧国家联合发展欧洲航天事业，20世纪70年代后期，在法国极力倡导下，欧洲成立独立的欧洲航天局，法国一直在其中起着核心和骨干作用。法国除自行研制或与其他国家联合研制人造地球卫星外，还承担"阿丽亚娜"（Ariane）运载火箭的大部分研制工作，并负责建造库鲁航天中心。

法国在欧盟、北约和联合国均努力发挥军事主导作用，在2018年发起"欧洲干预倡议"，目前有11个欧洲国家加入，倡议旨在培养共同的战略文化，发展能在发生危机时迅速联合部署的能力，同时作为继美苏之后第三个进入太空的国家，在军事太空领域更加强调独立自主，早在2010年就建有联合太空司令部，甚至早于美国于2019年7月宣布组建天军并公布《国防太空战略》，于2019年9月成立太空司令部并将空军改名为空天军，在国际合作方面，首先强调在欧洲内部合作，其次才强调与美国、印度等国家的合作。

第4章 欧洲军事航天发展

1. 法属圭亚那库鲁航天发射场，世界区位最佳的火箭发射场

20世纪50年代，法国开始自行研制探空火箭和导弹，并在阿尔及利亚的哈马基尔建有火箭发射场和测量控制系统。1964年，法国决定在法属圭亚那中部的库鲁地区兴建法国航天中心，以取代哈马基尔发射中心。法属圭亚那，位于南美洲东北海岸，热带雨林气候，面积约8.4km^2，人口约30万，是法国的海外省，由法国中央政府直接管辖。库鲁航天发射场，也称圭亚那航天中心，1966年动工，1971年建成，占地约1000km^2，由法国国家空间研究中心领导，是法国目前唯一的航天发射场，建有"阿里亚娜"第一、第二、第三发射场，也是欧洲航天局开展航天活动的主要场所，主要负责科学卫星、应用卫星和探空火箭的发射以及与此有关的一些运载火箭的试验和发射。

库鲁发射场靠近赤道，对火箭发射具有很大益处：①由于靠近赤道，纬度低，从发射点到入轨点的航程大大缩短，三子级不必二次启动。②相同发射方位角的轨道倾角小，所以远地点变轨所需要的能量小，可以相应增加向地球同步轨道上发射有效载荷的重量，曾有专家做过计算，就同一种运载火箭而言在库鲁发射比在拜科努尔发射的运载量可增加70%，在库鲁发射场发射同等重量的有效载荷要比在美国肯尼迪发射场发射时远地点发动机能量节省大约20%。③向北和向东的海面上有一个很宽的发射弧度；④人口、交通、气象条件理想。因此，库鲁航天发射场被公认为世界最佳的火箭发射地点。2021年12月，耗资100亿美元，哈勃太空望远镜的"继任者"，美国航空航天局最大、最先进的太空科学望远镜，詹姆斯·韦伯太空望远镜就是从库鲁航天发射场搭载"阿丽亚娜5号"火箭发射升空。库鲁发射场以发射"阿丽亚娜"运载火箭而闻名，至今该系列发射成功率已达90%以上。

2. 火箭研制成功，成为第三个进入航天时代的国家

法国研究运载火箭是从探空火箭开始的。第二次世界大战后，法国获得了德国的V-2火箭技术，在认真研究V-2火箭技术后，法国于1949年开始发展"躲闪式"液体探空火箭。1965年，法国研制成功地地弹道战略导弹，可携带15万t当量的核弹头飞行3000km。1966年，法国宇航公司研制成功潜射导弹。

1965年11月26日，法国用"钻石A"运载火箭成功地将法国第一颗人造卫星"试验卫星1号"送入530～1820km轨道。该卫星虽然只有38kg，但它的意义却十分重大：它宣告法国第一个打破苏美垄断，成为第三个进入航天时代的国家。之后，法国在1966—1967年间，又用"钻石A"运载火箭发射了3颗小型卫星。

在法国"钻石号"和欧洲航天局"欧洲号"火箭的基础上研制成功了"阿丽亚娜1号"三级液体火箭。目前"阿丽亚娜"火箭共有6种型号,是欧洲联合自强的一个象征,在国际航天市场占有重要地位。

3. 光学成像侦察卫星,世界领先

法国是欧洲最早研制侦察卫星的国家,在军事航天领域以光学成像侦察卫星闻名于世,截至2022年,先后发射了2代4颗"太阳神"(Helios)系列光学成像侦察卫星,2颗"光学空间组件"(CSO)新一代光学成像侦察卫星。

"太阳神"系列卫星是法国用于地球观测的军用侦察与情报收集卫星,由法国、比利时和西班牙三国政府联合开发与研制。第一代包括"太阳神-1A"和"太阳神-1B"2颗卫星,工作轨道为太阳同步极地轨道,轨道高度为675km,对地面军事目标情报收集的成像分辨率介于1~2m之间。"太阳神-1A"卫星于1995年7月7日由"阿里亚娜-4"运载火箭发射入轨,在科索沃冲突中,被成功地用于空袭计划的制订和轰炸效果的分析等。"太阳神-1B号"卫星于1999年12月3日也由"阿里亚娜-4"运载火箭发射入轨,2004年10月该卫星因出现技术故障而脱离轨道,宣告结束使命。但由于第1代"太阳神"与美国的同类卫星相比差距较大,为此法国又研制了第2代"太阳神",2004年12月第2代照相侦察卫星"太阳神-2A"(图4-1)由"阿丽亚娜-5G"运载火箭发射入轨,"太阳神-2A"重约4.2t,装有性能更好的可见光相机,分辨率达0.5m,此外还装有红外遥感器,以便能昼夜进行观察,还可以识别伪装。在黎巴嫩、阿富汗、乍得和达尔富尔等军事行动中证明了它的价值,被用于绘制战场地图,监视恐怖主义威胁,强化裁军与不扩散条约。"太阳神-2B"卫星于2009年12月发射入轨。

图 4-1　法国"太阳神-2A"侦察卫星

法国新一代 CSO 系列光学侦察卫星（图 4-2），总耗资超过 15 亿美元，包括航天器、发射和地面系统升级的费用，由法国军方采购机构 DGA 提供资金，法国国家空间研究中心（CNES）负责在轨测试、卫星运行、航天器采购和发射服务，主要用于取代"太阳神"系列侦察卫星。CSO-1 卫星 2018 年由"联盟"运载火箭发射入轨，重约 3.5t，不仅能够三维成像，还能昼夜成像（具备红外频段的高分辨率成像模式），分辨率为 35cm，在 800km 高度的太阳同步轨道飞行，提供可见光和红外频段的高清成像照片，设计寿命为 10 年。CSO-2 卫星 2020 年由"联盟"运载火箭发射入轨，运行轨道为更低的 480km 太阳同步轨道，更低的轨道高度带来更高的成像分辨率，使卫星能够为法国军事规划者和情报分析人员提供更清晰的图像。CSO 卫星具有灵活的侧摆能力，允许姿态的快速转向，并且能够从不同的方向立体观察目标，将向情报机构和军事官员提供可见光和红外频段（昼夜）的图像。法国政府已经与德国、瑞典、比利时和意大利政府达成协议，共享 CSO 卫星拍摄的光学图像。作为交换，法国军方接收来自德国和意大利雷达成像卫星的 SAR 图像。

图 4-2　法国 CSO 侦察卫星

此外，法国还有两型军民两用的光学成像侦察卫星较为出名：一个是"斯波特"（SPOT）系列卫星，该系统从 1986 年开始服役，现在可能只有发射于 2012 年和 2014 年的"斯波特-6、7"卫星在提供服务，可提供 2m 分辨率的平移影像；另外一个是更高分辨率的"昴宿星"（PLEIADES）系列卫星。"昴宿星"系列卫星由法国国家空间研究中心研制，提供民用和军事高分辨率绘图用图像，尽管该系统主要用于国家测绘，但优先保证军方使用。发射于2011年和2012年的"昴宿星-HR1、2"卫星最高分辨率可达70cm，发射于2021年的"昴宿星-NEO3、4"卫星最高分辨率可达30cm，可能配备了CILAS变形镜片（使用适配光学来校正镜面变形），卫星扫描幅宽为14km，每天可拍摄200万km²的图像。卫星搭载了TesatSpacecom激光通信终端，可以与EDRS中继卫星进行激光链路通信，并将成像数据通过中继卫星实传至地面，未来还将发射"昴宿星-NEO5、6"卫星，以组成4颗卫星的高分辨率地球遥感卫星星座。未来，法国航天局还计划发射分辨率达到20cm的"昴宿星"星座。图4-3为"斯波特-6"卫星和"昴宿星"卫星示意图。

2012年4月8日，欧洲航天局发射的Envisat对地观测卫星与地面站的通信意外中断，虽然轨道稳定，但只有精确调整其太阳能帆板的方向，才能使它有足够动力进入安全模式，与地面重建通信。为此4月15日法国首次将"昴宿星"侦察卫星的镜头从对准地面转向太空，抓拍了距它100km左右的Envisat的图像。

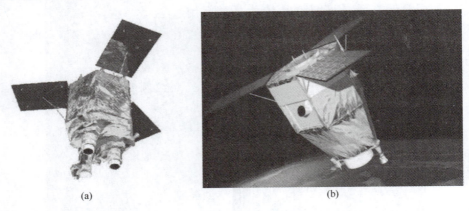

图4-3 "斯波特-6"卫星（a）和"昴宿星"卫星（b）示意图

4. 电子侦察卫星，不断完善

法国有3个秘密的电子侦察卫星系统，即"樱桃"（Cerise）、小"柑桔"（Clementine）、"蜂群"（Essaim）系统。前二者分别于1995年和1999年发射入轨，主要是试验性目的；后者于2004年发射入轨，由4颗信号情报卫星组成，设计寿命5年。这使法国成为世界第三、欧盟唯一具备天基电子信号侦察能力的国家。该系统主要负责对全球范围内雷达、通信和海上舰艇信号的监听和分析。2011年12月16日，法国4颗"电子情报"（ELISA）卫星发射入轨，ELISA卫星是太空电子情报卫星，由法国国家空间研究中心和法国国防部武器装备总局合作。它将有助于绘制全球范围内的雷达系统图，分析和确定各雷达系统的性质和特征，使法国太空监听能力进一步加强。

2021年11月16日，法国军方在法属圭亚那库鲁航天发射场发射了3颗"空间电磁信息能力"（CERES，简称"谷神星"）信号情报卫星。"谷神星"是法国武器装备总署（DGA）的首个实用型电子情报卫星系统，利用了以往开展"蜂群"（Essaim）和"电子情报"（ELISA）验证项目的经验，3颗卫星将以编队方式飞行，相互间将靠得很近，以同地面控制段和用户地面段配合，用以探测和定位地面信号。

5. "锡拉库斯"系列通信卫星

为了保障和提高法国军队的通信水平，法国早在1985年就开始研发"锡拉库斯"通信卫星系统。由3颗"电信星"（Telecom）组成的"锡拉库斯-1"于1985年开始运行，1994年停止使用。"锡拉库斯-2"为军民两用卫星，由4颗"电信星"组成，首颗卫星于1991年发射。

法国在用的第3代"锡拉库斯"是纯军用通信卫星，其通信能力和安全防干扰能力与前2代相比大有提高，目的是改进天基军用通信网络。该卫星的一个重要功能是增强法国军队的全球作战能力，并能使其参加多国的协同作战。"锡拉库斯-3"星座包括3颗卫星，分别于2005年、2006年、2010年发射入轨，可满足法国和盟军部队未来10年的通信需求。其中，"锡拉库斯-3A、3B"，主要用途是保持与战区部队（兵力）集群和战斗值班弹道导弹核潜艇的稳定通信。"锡拉库斯-3C"为法国、意大利合用，纳入"锡拉库斯-3"轨道集群编成之中，可以按照北约标准为法意最高军政领导、两国武装力量战略、战役战术层次组织可靠的抗干扰通信。此外，法国和意大利合作的"雅典娜-菲狄斯"军用通信卫星，也可以用于法军通信。

2021年，法国成功发射第4代"锡拉库斯-4A"军事通信卫星，通信数据传输速率可达"锡拉库斯-3A"的3倍，主要为部署在世界各地的法国军队能够通过陆地、空中、海上和水下的中继进行高速、安全的通信。法国空军发言人斯特凡纳·什佩特上校表示，"锡拉库斯-4A"卫星的设计是为了抵抗来自地面和太空中的军事侵犯以及干扰，配备有监视附近环境的手段，并具有躲避攻击的机动能力。日内瓦安全政策研究中心（GCSP）的武器扩散专家马克·菲诺说，"锡拉库斯-4A"还能免受核爆炸产生的电磁脉冲的影响。

"这是威慑失败情况下的最后警告情景。"报道称,"锡拉库斯"项目的总投资约为 40 亿欧元,另外一颗"锡拉库斯-4B"卫星预计将在 2023 年之前发射。

6. "格拉夫"地基太空目标监视雷达

法国的"格拉夫"(GRAVES)地基雷达系统是欧洲最早的太空监视系统,于 2005 年 11 月交付使用并投入战斗值班,由法国国防部投资研制,目前由法国空军负责运作管理。GRAVES 是专门用于监视近地轨道航天器的全天候值班雷达,可有效发现、跟踪和监视在距离地球表面 400~1000km 高空上运行的各种人造地球卫星和太空飞行器,并能够确定其位置和运行轨迹。"格拉夫"雷达由发射中心和信号接收中心两部分组成(图 4-4)。其中,发射中心位于上索恩省的布鲁阿列潘地区,信号接收中心天线位于法国东南部的阿尔比昂高原地带。"格拉夫"雷达总造价为 3000 万欧元。而外界则普遍认为,追踪太空碎片只是该系统的一个方面,法国国防部实际上开发的是一整套太空监控系统,具有很强的军事背景。此外,法国空天军还拥有 3 部 Satam 雷达和若干望远镜可用于太空任务。

图 4-4 "格拉夫"雷达发射站和接收站

法国空天军于 2022 年开始升级"格拉夫"雷达系统,以提高其战技性能,延长使用期限,2025 年开始研制新型系统。计划 2026 年之前改进 Satam 雷达,大约在 2030 年更新换代。

7. 率先组建空天军太空司令部

欧洲战略情报公司的分析家奥利维耶·扎延茨 2007 年表示:"如果法国不加快军事太空计划,将在今后 10 年内被中国、巴西、日本、印度等新主角超过。"近年来,法国政府把开发太空技术作为国家重点发展战略之一,尤其重视发展太空军事系统,出台了多项太空军事发展计划,涉及军事侦察、军用通信、导航定位、遥感等许多方面。

法国新版《国防白皮书》将太空军事计划作为法国主导欧洲事务、推进军事改革的突破点,将极大地增强欧洲作为政治和军事实体的凝聚力,使太空军事竞赛出现多极化的趋势，并最终推进法国军队的全面改革。2010年7月1日，法国国防部组建了"联合太空司令部"，使欧洲航天大国有一个单点联络机构，以便同伙伴国就由其主管的对地观测、信号情报、太空态势感知、导弹预警、军事卫星通信和天基导航这六大项目领域进行谈判。法国具备完备的军事卫星通信和光学监视能力，但许多法军指挥人员尚不了解这些系统能为军事发挥什么作用，法军缺少"对航天有全局观念"以及精通如何将不同航天资源组合起来以提高军事利用价值的军事人员，成立"联合太空司令部"正是为了解决这些问题。

法国空天军太空司令部设在南部城市图卢兹，编制人员220名，作为法国空天军军种内部天军部分的最高指挥机构，也是法国太空装备建设的主要负责机构，负责法国太空政策的制定、执行与太空作战，对上向空军参谋长报告，接受法国武装部队总参谋长（依托三军参谋部作战指挥中心）的命令，以及北约太空中心的协调指令，对下指挥控制空天军航天侦察中心、国家卫星通信中心、太空空间监视作战中心以及未来新建太空力量等来支持北约任务。

法国太空部队包括4部分：①三军国家太空中心，设在巴黎巴拉尔；②空天军航天侦察中心，设在克里伊空军基地，下辖航天侦察、卫星图片处理、军事测绘等3个处和一个侦察及电子对抗旅第28测绘群分队；③三军参谋部通信网络与信息系统跨军种指挥部国家卫星通信中心，设在迈松·拉菲特市，下辖"锡拉库斯/亚里士多德"筹划与指挥中心、预备指挥中心和两个基站；④太空监视作战中心（COSMOS），位于里昂·凡尔登山空军基地。法国还高度重视太空军事创新，并已成立LISA实验室负责相关工作。此外还在法属库鲁群岛拥有一处航天发射基地。

8. 牵头举行太空军事演习"AsterX"

2021年3月8日至12日，法国举行首次太空军事演习，主要测试其保卫卫星的能力，演习代号为"AsterX"，以向法国1965年的第一颗卫星"Asterix"致敬。演习在位于图卢兹的法国太空研究中心（CNES）进行，由法国空军和太空司令部指挥，模拟监测一个潜在危险的太空物体，及其对卫星的威胁，目的是测试太空作战人员实施的流程和系统，并总结评估太空领域的作战需求。法国巴黎空间行动指挥和控制中心（C3OS）、克里伊航天侦察中心（CMOS）和里昂太空监视作战中心（COSMOS），以及美国太空部队和德国太空机构等参加了此次演习。

2022年2月24日至3月4日法国在图卢兹举行了第二次太空军事演习

（AsterX 2022）。AsterX 2022 演习背景基于武装部队之间虚构的地缘政治冲突，是法国 2021 年首届太空军事演习的延续。演习模拟了一个在全轨道上超过 1 万个物体的太空环境，并设计了一个涵盖太空中全方位威胁的 16 个天基事件的场景，演习内容数量多且安排紧凑，6 天完成了相当于 24 天的演习量。AsterX-2022 演习扩充了 AsterX-2021 演习的范围，整合了武装力量部的"全网络防御链"，涉及更大的情报功能。德国和意大利的太空态势感知中心特别参与了此次演习。欧盟、北约以及成员国的高级代表受邀在演习期间观察并参与讨论，表明法国希望推动在整个欧洲大陆更加重视国防空间倡议。

4.2　英国，期望成为航天大国

英国作为曾经的日不落帝国，第二次世界大战战胜国，也是继苏联、美国、法国、日本、中国之后第六个用自己研制的火箭发射成功自己研制的卫星的国家，但是由于第二次世界大战后在国家安全政策和战略方面高度依赖美国，对军事航天力量的建设并不重视，除了"天网"系列通信卫星，并无任何独立自主的航天能力。直到 21 世纪初开始，英国开始认识到商业航天市场的快速发展和太空安全形势的逐渐严峻，开始发布航天相关战略政策文件，强调保护太空安全和推动商业航天发展。2021 年 9 月，英国发布的首份《国家太空战略》报告，提出了成为航天大国的太空愿景。此前在 2021 年 4 月，英国成立太空司令部，加强太空领域与美国联动，并保护英国的太空利益。

1. 成功发射"黑箭"火箭，英国成为第六个进入航天时代的国家

由于第二次世界大战的刺激，英国的火箭武器得到了一些发展，为研制固体探空火箭奠定了基础。战后英国从德国得到了液体火箭技术和 V-2 的零部件，获取了发展液体火箭的技术支持。20 世纪 50 年代中期，英国制订了探空火箭计划，以适应科学研究的需要。英国火箭技术发展的另一条线索是研制洲际导弹。这方面的努力带动了液体火箭发动机的发展。1955 年，英国政府决定研制"兰缕"式洲际弹道导弹，导弹弹头运载火箭取名为"黑骑士"。但英国的洲际导弹计划很快就取消了，"黑骑士"火箭便用来研究弹头再入大气层和发展高温再入材料。1964 年，英国政府决定发射人造卫星，开始了"黑箭"运载火箭计划。"黑箭"是一种三级运载火箭，在方案设计阶段，广泛吸取了"黑骑士"火箭的技术和经验。1969 年 6 月 28 日，"黑箭"运载火箭准

备进行首次发射,但由于电子系统故障,试验推迟进行。1970 年 3 月在第二次发射过程中,只达到了亚轨道。1970 年 9 月准备正式发射一颗试验卫星,但由于火箭第二级过早停火而失败,卫星没有达到预定轨道。直到 1971 年 10 月 28 日,英国才用"黑箭"运载火箭将其第一颗技术试验卫星"普罗斯帕罗"送入 537~1593km 的轨道,成为继苏联、美国、法国、日本、中国之后第六个用自己研制的火箭发射成功自己研制的卫星的国家。

2. "天网"军用通信卫星,能力突出

20 世纪 60 年代中期,英国国防部开始研制"天网"军用通信卫星系统,60 年代末"天网"(Skynet)卫星系统开始服役。此后,随着英军撤离中东和远东地区,英国认为已经没有必要再发射及维持昂贵的军用通信卫星和众多地面站,于是在 1975 年取消了"天网 3"计划,改为租用美国和北约的通信卫星。然而,随着世界军事和政治的风云变幻,英国对拥有独立军用卫星通信能力的需求不断增加。1982 年的英阿马尔维纳斯群岛冲突更加强化了这种需求,促使英国下决心发射并维持自己独立的军用通信卫星系统,于是决定实施"天网 4"计划。"天网 4"卫星在海湾战争中发挥了积极的作用。2007 年 3 月,由 3 颗卫星组成的新一代安全军用通信卫星中的第一颗——"天网 5A"卫星发射,至 2008 年 6 月,英国国防部第五代"天网"军用通信卫星系统的最后一颗卫星——"天网 5C"卫星发射升空,标志着"天网 5"卫星系统完成组网。"天网 5"星座将能满足英国国防部 2020 年前的卫星通信需求。"天网 5"卫星系统的主要用户是英国国防部,可为英军陆海空部队提供话音、通信、数据等多媒体传输业务(图 4-5)。

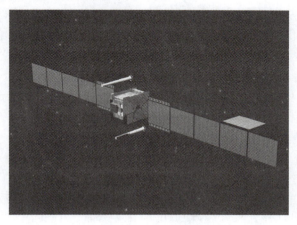

图 4-5 英国"天网 5"卫星示意图

2020年7月英国国防部与空客防务和太空公司签订了一份价值5亿英镑（6.27亿美元）的"天网6A"军事通信卫星合同。该合同涵盖了卫星开发的所有方面，包括设计、制造、组装阶段、集成、测试和发射。该卫星计划于2025年发射，最小设计寿命为15年，使用高无线电频谱和先进的数字处理技术，将比"天网5"卫星提供更高的容量和速度。"天网6A"卫星有望通过快速、安全和可靠的通信手段，保护全球范围内的英国部队。

3. "一网"低轨宽带通信星座，世界一流

英国"一网"（OneWeb）公司成立于2012年，由技术企业家Gregory Thane Wyler创办，计划部署由882颗（648颗在轨，234颗备份）卫星组成的低轨卫星星座，为全球个人消费者提供高速互联网宽带服务。2019年2月28日，"一网"公司成功发射了首批6颗卫星；2020年2月7日，"一网"公司发射了第二批34颗组网卫星；3月22日，第三批34颗卫星成功发射。但是由于低轨卫星的商业发射需要高昂的资金支持，目前"一网"公司的一颗卫星的制造成本为100万美元，远远超出了2015年预计的50万美元，而"一网"公司由于自身资金能力不足，严重依赖外界商业融资，不得不于3月宣布破产。但在2020年7月进行的破产拍卖上，英国政府和印度电信大亨苏尼尔·米塔尔的巴蒂集团各出资5亿美元获得45%的股份，挽救了"一网"公司。截至2022年2月，"一网"公司已发射475颗卫星，并开始为美军等用户提供通信服务。

此外，英国还实施了范围广泛的微小型卫星应用计划。其中包括6项内容：①5kg重的"快照-1"纳米卫星，用于验证超小型卫星为宇航员和地面控制人员提供从外部观测在轨航天器的能力；②"雄鹅"星座，它是一个测高网，用于提供海浪预报等；③"双子"星座，用于验证电信技术；④"E-卫星"微小型卫星星座，用于远程应用测量；⑤"战术光学"卫星，属军民两用监视卫星；⑥"快眼"地球观测卫星星座。

英国还在与美国合作，研制由2颗或3颗星组成的电子侦察卫星网，目的在于获取俄罗斯、西欧和中东等地的电子情报。

4. 国家航天政策，目标远大

2014年4月，英国政府首次发布了《国家太空安全政策》，其中强调，将运用政治、经济、军事等手段，对任何可能通过太空损害国家安全或阻碍国家行动自由的行为作出回应，所用方法与应对其他威胁一致。英国军事航天活动的目标与措施，可以概括为以下几个方面：①注重国防计划的可操作性，确保开发太空的途径和能力，以取得最佳的军事效率，并且直接为作战

服务；②重视英国国防部与其他政府部门、太空机构，以及国际防务伙伴之间的合作，利用日益完善的军事与民用间的协作，确保以低成本高效率方式进入太空；③在发展项目上，重视通信卫星、侦察卫星、气象卫星、海洋卫星、导航定位卫星的作用，以最大限度地满足各种军事需求。

2015年12月，英国发布了《国家太空政策》，其目标是成为欧洲太空领域技术的中心，并在世界航天市场中占据更大份额。该政策支持政府在制造与服务、国际合作以及高精尖科学与技术开发等领域的投入；阐明了23个政府机构在太空探索中的角色。《国家太空政策》强调英国政府将充分认识航天对英国的战略重要性，致力于维护和促进太空环境安全，保护太空不受任何干扰。根据该政策，2030年前，英国在全球航天市场中所占份额将从当前的6.5%提升至10%，提供10万个新就业机会，年均创造400亿英镑的价值。

2021年9月，英国发布首份《国家太空战略》报告，归纳了英国在科技、国防、监管和外交等方面的优势，并提出了英国的太空愿景：①成为太空大国，成为最具创新性和吸引力的太空经济体之一；②保护和捍卫英国的太空利益，重塑太空环境，利用太空能力帮助和解决国内外挑战；③通过前沿技术研究，保持英国在太空科学和技术方面的优势。报告阐述了实现愿景的四大支柱：①全面发展太空领域；②拓宽国际合作渠道；③将英国发展成为科技超级大国；④发展弹性太空能力与服务。为了实现上述愿景，英国还将把现有核心项目与新举措相结合，其中包括：①2022年从英国太空港进行首次太空发射；②建立军民两用的国家太空运营中心；③组建新的太空司令部（已启用）；④推进"天网6"通信卫星计划；⑤建设小型情监侦卫星星座等。

2022年2月，英国国防部发布了新版《国防太空战略》，阐述了英国国防部将如何通过自身的太空能力、相关行动和全球联盟来保卫英国及其盟友的太空资产和服务。《国防太空战略》将由英国太空司令部负责实施，为英国政府及联合指挥官提供支持，推动前线司令部太空能力的发展，并执行日常的太空行动。《国防太空战略》要求关注反卫星武器威胁，强调英国私营航天企业在军事能力建设和促进经济增长方面的作用。

5. 成立太空司令部，整合能力支持美国太空战略

英国长期以来依赖于美国，目前太空能力较为有限，仅有8颗军事通信卫星在轨，在皇家空军菲林戴尔斯基地建有美国UEWR-2战略预警雷达，天域感知、导弹预警、航天侦察、卫星导航等天基信息支援能力极其依赖美国。2021年4月1日，英国太空司令部成立，作为一个联合司令部，由英国皇家海军、英国陆军、英国皇家空军、文职人员和商业机构的重要人员组成，接受一名两星军事指挥官的领导,主要履行3项职能:太空作战;太空人才的培养和发展;开发和部署太空能力。

英国太空司令部最初设在英国皇家空军司令部的驻地海维康比基地,负责指挥控制英国国防部的所有太空能力,包括英国太空作战中心、"天网"卫星通信系统、英国皇家空军菲林代尔斯基地和其他赋能能力等。其中,英国太空作战中心的任务是认知并监测天域,以保护、防御并确保控制英国的太空资产;"天网"系统是一系列军用卫星、地面站和用户设备,为英国军方和盟国提供战略卫星通信(SATCOM)服务,该系统现由空客防务与航天公司运行;英国皇家空军菲林戴尔斯基地支持美国发展的导弹防御系统,为英国和美国政府提供持续的弹道导弹预警服务。

英国太空司令部将与国防部航天局开展合作,后者负责国防太空政策、战略以及跨政府和国际协调。英国国家航天委员会的指令将通过国防部航天局传达给英国太空司令部和其他相关国防部门。必要时,英国太空司令部将与国防部航天局相互配合,提供联合国家太空能力。英国太空司令部还将与战略司令部及国防科学技术实验室建立极为密切的联系,专门研究开发新能力方案,以实现多域融合,提供联合赋能能力。

英国成立太空司令部,是认知太空并实施太空作战,保护英国利益持续战略的"里程碑"式举措。英国太空司令部负责参与美国主导的"奥林匹克捍卫者行动"太空联盟,支持北约开展太空活动。

4.3 德国,世界航天科技的发源地

第二次世界大战中,德国以冯·布劳恩为首的小组进一步发展了"航天之父"苏联科学家齐奥尔科夫斯基的理论,研制出了著名的 V2 导弹(图 4-6)。德国战败后,美国俘获了冯·布劳恩等 130 名火箭高级设计人员和 100 枚 V-2 火箭,苏联获得了 V-2 火箭及其技术资料,这些对美苏两国弹道导弹和运载火箭等航天科技的发展起到了极大的促进作用。德国作为第二次世界大战战败国,1990 年才实现统一,国防建设受到北约较大限制。德国军事太空装备只有 2 颗通信卫星(联邦国防军通信卫星 COMSATBw-1/2)、5 颗雷达成像卫星(SAR-Lupe)、

图 4-6 德国 V2 导弹

以及 2 部空间监视雷达（位于波恩的 Tira 空间监视雷达和位于科布伦茨的新型 Gestra 雷达）。

1. 欧洲第一颗军用雷达成像卫星

目前，德国的军事航天系统在欧洲仍处于前列，尤其在雷达成像侦察卫星领域发挥着重要作用。在 2006 年以前，欧洲只拥有光学成像侦察卫星，而没有雷达成像侦察卫星，所以在天气不好的时候很难发挥作用。而欧洲许多国家天气多变，常常阴云密布，所以急需拥有能全天时、全天候观测的雷达成像侦察卫星。2006 年 12 月 19 日，由德国研制的欧洲首颗雷达成像侦察卫星——"合成孔径雷达-放大镜"（SAR-Lupe）卫星（图 4-7）升空。SAR-Lupe 卫星的发射在军事领域创造了多项"第一"，它是德国第一个军用侦察卫星系统，欧洲第一个军用雷达成像卫星系统，也是当时世界上质量最小的军用雷达成像卫星，其质量只有 770kg，并采用 4 星星座方式运行，每天可以提供 30 幅以上从北纬 80°～南纬 80°分辨率约为 0.7m 的图像，可以辨认运动中的汽车及飞机型号，并能识别地面"特殊设施"。2009 年德国建成了 5 颗 SAR-Lupe 卫星构成的天基侦察网，为欧洲的北约军事指挥官提供高分辨率雷达图像，卫星的空间分辨率优于 1m，能在夜间以及透过云层成像。

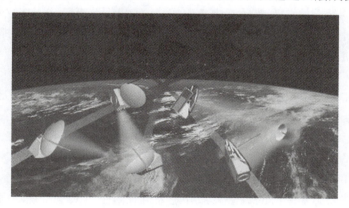

图 4-7　德国 SAR-Lupe 卫星

2022 年 6 月，德国军用 SARah 雷达成像卫星星座首颗卫星 SARah-1 搭载"猎鹰 9 号"火箭成功发射，卫星重约 4t，星箭分离后在轨运行正常，轨道高度 751km×743km，倾角 98.4°。未来还有 2 颗卫星需要发射，质量更轻并采用无源天线。SARah 雷达成像卫星星座，拥有更高分辨率，将主要替代目前在轨编队飞行的 5 颗 SAR-Lupe 卫星。该星座将向德国军方提供信息服务,并支持加拿大的海防预警、灾害管理和生态系统监控等。

2. 专用军事通信卫星

对于拟在全球开展军事行动的德国来讲,用于军事调度和指挥任务的卫星通信能力仍然十分匮乏,德军对基于卫星系统的大容量远程通信需求变得越来越明显。为了获得更大的指挥自由度,最终摆脱因租借他国商业通信卫星带来的频道数量、使用时间等方面的各种限制,德国国防部于 2006 年 7 月 5 日正式决定采购 ComSatBw-1、2 军用通信卫星。2009 年 10 月 1 日 ComSatBw-1 卫星升空,2010 年 5 月 22 日 ComSatBw-2 卫星升空,2010 年 7 月交付德国军方。该卫星系统支持全球范围的音频、数据、视频及多媒体自动传输应用,旨在为在海外执行任务的德军士兵提供可靠的、与德国本土通联的保障,使德国摆脱在军用通信中租用外国卫星的窘境。这个里程碑式的成就标志着德国从此迈入本国专用军事卫星能力的欧洲国家之列。德国航空航天中心(DLR)发射的"海里因希-赫兹"(Heinrich Hertz)通信卫星与联邦国防部合作为其提供独立通信服务。

3. 成立太空司令部,支持北约任务

2021 年 7 月,德国国防部在位于德国北莱茵·威斯特法伦州乌埃德姆(Uedem)的德国太空态势感知中心宣布成立太空司令部,在太空军事领域迈出又一实质性步伐。太空司令部的主要工作包括:①保护为军队提供关键通信服务和侦察数据的卫星系统,使其免受任何外界干扰;②在发生冲突时,能有效破坏对手的卫星;③应对快速增长的卫星数量以及由此产生的大量碎片对军事和民用卫星系统的威胁,但不包括太空装备建设职能。下属太空部队主要包括两部分:

(1)德国太空态势感知中心,成立于 2009 年,主要承担监控太空资产、下达太空系统机动命令并向商业卫星运营商推荐避险路线等任务。该中心体现了军方和民用的高层次需求,由德国国防部和经济技术部共同努力下建成。德国太空态势感知中心的数据大部分是来自美国空军太空监视网络。这些数据构成德国航宇中心评估的基础。德国太空态势感知中心作为太空态势感知相关方面的中心,涵盖诸多工作,包括从雷达观测到再入事件的数字建模等。2021 年 4 月,德国太空态势感知中心选择引进美国 iSpace 态势感知系统,以提升监视太空碰撞、机动、解体和发射等轨道活动的能力。该系统可同时追踪 30 万个目标,且配备人工智能载荷,可有效增强态势感知能力。

(2)德国空天作战中心(ASOC),成立于 2020 年秋季,初始人员 50 人,计划到 2031 年增加至 150 人,主要任务是进行太空防御、保护太空系统并投

资太空态势感知项目。该中心是德国响应北约 2019 年在英国伦敦会议上宣布太空成为新的作战域而成立的,重点工作是监视太空垃圾对卫星或地面人员的潜在威胁,保护卫星免受干扰和攻击,并探测导弹威胁。德国国防部部长曾表示,该中心是规划和实施太空行动的第一步。

4.4 欧洲其他国家,有分有合、信息共享

欧洲各国建立的军事航天系统与本国的防务系统和指挥、控制、通信、计算机、情报、监视与侦察(C^4ISR)系统集成在一起,不仅维护了本国的政治和军事利益,提高了自身全球作战能力,而且增强了多国协同作战中的自主权和主导权。同时,虽然法国、英国、德国等国家一直寻求独立的军事航天系统,但许多军事航天能力,尤其是通信和图像,都在欧盟各成员国之间通过共享实现。

"伽利略"(Galileo)卫星导航系统(简称"伽利略系统")是由欧盟发起,旨在建立一个由欧盟运行、管理并控制的全球导航卫星系统。该系统设计思路具有四大特点:①自成独立体系;②能与其他全球导航卫星系统兼容;③具备先进性和竞争能力;④公开进行国际合作。1998 年欧盟决定建立伽利略导航卫星系统,2002 年 3 月正式启动。该系统由两个地面控制中心和太空部分组成,太空部分由分布在 3 个椭圆形轨道上的 30 颗卫星组成,每个轨道上分布着 9 颗工作卫星和 1 颗备用卫星,系统原定于 2020 年实现全部卫星组网。伽利略系统建成后,将与美国 GPS、俄罗斯 GLONASS 和中国北斗共同构成全球 4 大卫星导航系统。伽利略系统对欧盟具有关键意义,它不仅能使人们的生活更加方便,还将为欧盟的工业和商业带来可观的经济效益。更为重要的是,欧盟将从此拥有自己的全球卫星导航系统,这有助于打破美国 GPS 系统的垄断地位,从而在全球高科技竞争浪潮中获取有利地位,更可为将来建设欧洲独立防务创造条件。目前,伽利略系统建设相对滞后,2016 年 5 月完成了第 13 颗、14 颗卫星的部署,2016 年 11 月一箭四星,使在轨卫星数量达到了 18 颗,2021 年 12 月,第 27 颗和第 28 颗工作卫星发射入轨。2021 年 5 月,欧空局分别授予泰阿空间公司意大利部门和空客防务与航天公司德国部门合同,以设计和建造首批二代"伽利略"卫星,2 家将打造 2 个独立的卫星系列,总共承造 12 颗二代卫星,首次发射预计在 2025 年前进行。

"哥白尼"计划是由欧盟与欧洲航天局共同合作,计划发射 12 颗地球观

测卫星，用于监测海洋和陆地水资源、森林、空气、土地利用、污染状况及其变化，以应对环境污染和石油泄漏、洪水和森林火灾、地震和山崩等突发事件。其中，"哨兵-1"卫星由A、B两颗卫星组成，是雷达合成孔径观测卫星，分别于2015年、2016年发射入轨；"哨兵-2"卫星是多光谱成像卫星，专门研究植被分布、土壤和水循环的卫星。"哨兵-3A"卫星是全球海洋和陆地监测卫星，主要用于监测全球陆地、海洋植被和大气环境。

为了在轨卫星的安全和防御太空，欧洲一直以来试图创建一个独立太空监视网络，2015年6月，法国、德国、意大利、西班牙和英国组成联盟，计划在5年中整合各国现有的光学和雷达跟踪望远镜，建立"太空监视与跟踪服务"，欧盟的28个成员国将对该项目提供资助，成员国能共同使用可跟踪近地轨道和地球静止轨道上太空目标的所有太空望远镜。

西班牙拥有专门的军用通信卫星Spainsat，为国防部提供X频段和Ka频段服务。西班牙还拥有军民两种两用通信卫星系统，向西班牙军队提供X频段通信。2014年，西班牙的"德莫斯2号"军民两用高分辨率卫星升空，它载有多光谱推扫式成像仪，全色分辨率为0.75m，设计寿命7年。

意大利也在发展和完善自己的军用卫星系统，建立有"西克拉尔-1"（Sicral-1）通信卫星。并与法国合作研制并发射了"雅典娜-菲狄斯"（Athena-Fidus）军民两用通信卫星，全称为"欧洲联军战场接入——法意军民两用卫星"，是面向网络中心战场而发展的军事通信卫星，支持陆海空各类作战平台和应用。

参考文献

[1] 方志英. 英国军用通信卫星发展概况[J]. 卫星与网络，2015，6：48-49.

[2] 杜普伊T N，周新红. 武器和战争的演变[M]. 北京：军事科学出版社，1985.

[3] A GRAVES Sourcebook[EB/OL]. (2013-08-07)[2023-06-30]. https://spp.fas.org/military/program/track/graves.pdf.

[4] 李庚. 欧洲伽利略导航系统两颗新卫星升空[J]. 大地测量与地球动力学，2015，5：774.

[5] 刘韬. 法国SPOT-7卫星[J]. 卫星应用，2014，10：73.

[6] 闻成. 法国太空军事计划：太空傲慢的注脚[J]. 兵器知识，2008，10：55-57.

[7] 彭春丽. 英国航空航天产业军民融合实践与启示[J]. 中国军转民, 2013, 10: 64-67.
[8] 谢博. 国外侦察卫星那些事儿[J]. 军事文摘, 2015, 19: 45-48.
[9] 天兵. 2013年国外军事航天盘点[J]. 现代军事, 2013, 3: 42-46.
[10] 紫晓. 欧洲航天的回顾与展望[J]. 航空知识, 2003, 11: 36-38.
[11] 徐能武, 高杨予兮. 太空安全秩序构建中的体系压力与战略指向[J]. 国际安全研究, 2020, 6: 116-134, 159-160.

第 5 章

其他主要国家军事航天发展

历史告诉我们每一种环境——空中、陆地和海洋——都曾见证过冲突。现实表明，太空亦无不同之处。

——《2001 年美国太空委员会报告》

冷战期间，军事航天领域一直被美苏两个太空大国所垄断，尽管其他国家也参加了一些美苏主导的航天项目，但部署在天上的卫星却很少，即使有一些，也多为民用，更谈不上太空武器了。冷战的结束、多极化政治格局趋势的发展以及海湾战争中航天力量的高效应用，使许多国家进一步认识到太空对于现代和未来战争的重要性。为了减少对大国的依赖，许多国家开始寻求发展和建立自己独立的军事航天系统。

5.1 日本，寓军于民，野心勃勃

随着 2008 年日本通过允许防卫的《宇宙基本法》，宇宙开发开始不限于非军事目的，日本虽然在国家安全领域高度依附美国，但也大力开发侦察、通信、导航等天基信息支援能力。2018 年，日本紧随美国提出将太空作为新作战域，2020 年 6 月，日本政府召开太空发展战略总部会议，概述到 2030 年前日本基本太空政策，认为太空具有巨大潜力但形势严峻，强调日本要确保太空安全，为解决全球性挑战做出贡献。2021 年，日本提议将"航空自卫队"改名为"航空宇宙自卫队"，旨在明确太空也是防卫领域，强化防卫力和遏制力。同年发布的《防卫白皮书》强调要以日美同盟为基础与澳大利亚、印度、英国等国家共享"自由开放的印太地区"愿景，构建多域联合防卫力量，将陆、海、空等传统领域能力与太空、网络、电磁等新兴领域能力融合，实现跨域作战。

1. 种子岛、内之浦，两大航天发射中心

日本种子岛宇宙中心，是日本最大的宇航研究中心和航天发射中心，位于九州南端的种子岛，由日本宇宙开发事业团于1969年建立，现在受日本宇宙航空研究开发机构（JAXA）管理，主要作为日本应用卫星发射基地。为了满足不同型号火箭的发射需要，自1966年开始相继建造了竹崎、大崎和吉信三个航天发射场。其中，竹崎发射场是为发射小型火箭建造的，是在种子岛建设的第一个发射场，于1969年建成投入使用；大崎发射场主要用来发射"N-1"、"N-2"和"H-1"液体火箭，于1975年建成投入使用。吉信发射场是为了适应新一代大型火箭"H-2"的发射需要于1986年在距离大崎发射场东北方向约1km处新建的。种子岛宇宙中心也被称为"世界上最美丽的火箭发射基地"。发射基地建于广阔的原野上，而种子岛宇宙中心傍海而修，被绿色山丘包围，珊瑚礁点缀在发射台周围，景色优美。目前，种子岛宇宙中心负责部分国际空间站的补给发射任务。

日本内之浦航天发射中心，位于鹿儿岛县的内之浦町，由JAXA空间科学研究中心空间与宇宙科学研究所运营，主要用于发射探空火箭和科学卫星。内之浦航天中心始建于1962年1月，1963年12月投入使用，1965年已拥有发射卡帕和兰姆达固体燃料探空火箭的全套设施，在连续四次发射火箭失败后，于1970年成功发射了第一个轨道有效载荷（24kg重的"大隅号"卫星）。由于东面和南面是开阔的海洋，非常适合极地或30°倾斜的轨道。自成立以来每年不超过两次成功的轨道发射。2018年，该航天中心被用来发射改进的SS-520探测火箭，这是迄今为止将物体送入轨道的最小载体。

2. 火箭发射成功，成为第四个进入航天时代的国家

日本最早研究火箭的单位是东京大学。1955年2月，东京大学生产技术研究所在系川英夫领导下，开始研究小型固体火箭。1955年4月12日，该校在普田县水平试射了一枚质量只有几百克、长约23cm、直径不到2cm的"铅笔火箭"，这是日本开始探空火箭研制工作的标志。到1958年，东京大学研究所研制成功两级的3K-6固体火箭，它的飞行高度达到40km。

1964年4月，东京大学理工研究所的太空技术部和东京大学航空技术研究所合并，组成东京大学宇宙航空研究所。该所的主要目标，是研究如何利

用大型高空气球、探空火箭和人造卫星来探测太空环境。值得指出的是，这个研究所是一个完全独立的研究机构，从探测手段、探测仪器、数据获得、分析研究等均由该所负责安排，制定计划、提出设计方案、组织发射等工作也都由该所进行。东京大学宇宙航空研究所成立后，在原来工作基础上采取积木化、系列化，由小到大发展了十几种探空火箭。其中有单级火箭 S 系列，也有多级火箭 K 系列和 L 系列，有效载荷为 10～170kg，飞行高度为 60～2000km。其用途分别是气象火箭、高空探测火箭和试验火箭。这些火箭都采用固体推进剂，无控制设备，发射时靠箭体安装的翼面保持稳定。在固体探空火箭的基础上，东京大学开始研制航天运载火箭。第一种发射卫星的运载火箭是 L-4S-5 火箭。它是一种四级全固体火箭，第一级、第二级采用气动稳定，第三级、第四级采用自旋稳定。由于没有制导系统，卫星进入轨道的精度很差。1970 年 2 月 11 日，日本用 L-4S-5 运载火箭发射成功第一颗人造卫星"大隅号"。这是一颗技术试验卫星，重 23.6kg。这样，日本成为继苏联、美国、法国之后第四个进入航天时代的国家。

3. 重点发展侦察卫星

冷战结束后，日本调整军事战略，逐渐扯去"和平利用宇宙空间"的面具，凭借其技术和经济实力，发展军用航天技术，其第一个目标就是研制侦察卫星。1999 年 3 月，日本政府决定设立"推进情报收集卫星委员会"，以研究在使用侦察卫星问题时应采取的方针。日本的侦察卫星为掩盖其军事用途，掩耳盗铃地取名为"情报收集卫星"（IGS），而不是如其他国家直接表明侦察卫星的身份。日本情报收集卫星系统计划由两颗雷达侦察卫星和两颗光学侦察卫星组成。2003 年 3 月日本将"光学 1 号"和"雷达 1 号"侦察卫星发射入轨，拉开了日本情报收集卫星系统建设的序幕。不过几个月后的 2003 年 11 月，日本试图续写"一箭双星"传奇的努力受挫，一颗光学侦察卫星和一颗雷达侦察卫星由于火箭发射失败星箭俱毁，更糟糕的是由于没有备份卫星，无法短期内继续发射建成预定的侦察卫星监视网，沉重打击了日本打造国产情报收集卫星系统的野心。由于"一箭双星"发射的失败以及对情报收集卫星系统建设的严重打击，日本改变策略不再以"一箭双星"方式发射情报收集卫星。2006 年 9 月，日本发射了"光学 2 号"侦察卫星，它基本上是"光学 1 号"的复制品，但在具体指标上小有改进。2007 年 2 月日本又将"雷达 2 号"和"光学 3 号"卫星发射入轨，实现了情报收集卫星系统原定的两颗光学星加两颗雷达星的目标。2009 年 11 月、2011 年 9 月日本成功发射了"光学 3 号"卫星、"光学 4 号"卫星。这两颗卫星是日本第二代光学侦察卫星,其成像分辨率进一步提高到 0.6m。对比光学星的稳定可靠,日本的雷达星可以说是多灾多难,2010 年 8 月"雷达 2 号"卫星出现故障,据分析原因是"零部件老化",最终"雷达 2 号"没能挺过当年夏天就彻底失效,使日本原定的光学卫星加雷达卫星的情报收集卫星系统成了一条腿的残废。2011 年 12 月日本发射了"雷达 3 号"卫星,使日本重新获得了雷达侦察能力。"雷达 3 号"卫星是日本第二代雷达侦察卫星,其分辨率达到了 1m 级别,性能媲美国际主流侦察卫星。2013 年 1 月日本发射了"雷达 4 号"和"光学 5 号试验星"情报收集卫星,从而完成现有的"四位一体"侦察卫星系统的建设。4 颗情报搜集卫星组成的完整航天侦察网,光学和雷达卫星各组成一个卫星对,都处于同一个太阳同步准回归轨道上,重访率达到了每天一次,也就是说对全球任何地方都可以做到每天一次的侦察。2015 年 2 月和 3 月,日本分别成功发射了 1 颗新型的"光学 5 号"光学侦察卫星和 1 颗备用的雷达侦察卫星,其中"光学 5 号"卫星的分辨率提高至 0.3~0.4m。2020 年 1 月,日本发射了"光学 7 号"卫星,采用高性能光学传感器并首次搭载激光中继系统,未来可与中继卫星配合工作,有助地面控制中心实时接收卫星获取的情报信息,进而提高日本天基情报获取能力。"光学 7 号"是"光学 6 号"的改进型,属于日本第四代光学侦察卫星,分辨率优于 0.3m,达到世界领先水平。图 5-1 为情报收集卫星组队工作示意图。

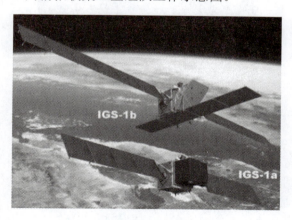

图 5-1 情报收集卫星组队工作示意图

4. 自主研发区域卫星导航系统

"准天顶"卫星系统包括多颗轨道周期相同的地球静止轨道卫星(图 5-2),这些卫星分布在多个轨道面上,无论何时,总有一颗卫星能够完整覆盖整个日本。"准天顶"卫星系统兼具导航定位、移动通信和广播功能，旨在为在日本上空运行的美国 GPS 卫星提供"辅助增强"功能，提高导航定位信号接收的质量和精度。目前的计划是将民用信号的精度从 10m 级别提升一个数量级，控制在 1m 以内，这个精度已经非常接近美国军用 GPS 信号的精度。2010 年 9 月，日本在种子岛宇宙中心发射了首颗自主研发的"准天顶"定位卫星"引路号"。2013 年 3 月，日本内阁宣布准天顶卫星系统的卫星将由 3 颗扩增为 4 颗，2015 年又提出增加至 7 颗，并加强与美国全球定位系统的合作，争取于 2023 年投入运用。2021 年 10 月"'准天顶'卫星系统 1 号替代卫星"（QZS-1R）发射，是第一颗准天顶卫星"引路号"（QZS-1）的替代卫星，具有高可靠性，且使用寿命长达 15 年。将通过该星与 QZS-2、3 和 4 在轨卫星一起推出定位以及高精度定位增强服务。三菱电机还将继续推出 QZS-5 至 QZS-7 卫星，完善其独立的定位导航和授时（PNT）能力，并增强系统性能和鲁棒性。

图 5-2 "准天顶"卫星在轨示意图

日本研发这一系统的潜在用意也是为了摆脱对 GPS 的依赖，逐步由与 GPS 兼容过渡到独立自主的导航系统。

5. 频繁开展太空武器试验

日本近年来开展了太空碎片移除验证试验。日本防卫省从 2016 年开始研发用于拦截导弹的电磁轨道炮。这种炮弹发射方式比传统拦截系统的发射方式更快，并且可以连续射击，将与导弹防御系统、中远程导弹配合为日本提供多层拦截能力。日本防卫省在 2022 年财政预算中提出约 5600 万美元的专项拨款，用于轨道炮设备装备化前的样机生产，并预计 2025 年后开始逐步装备使用。研究测试阶段，电磁轨道炮原型机的发射速度曾达到近 2300m/s，而现有导弹拦截速度上限在 1700m/s 左右。

2021 年 8 月 25 日，日本宇宙尺度（Astroscale）公司通过地面人工控制服务星释放与其连接的目标星，使二者相距几厘米，并利用磁力装置重新捕获目标星。2022 年 1 月 26 日，在目标星与服务星相距几十米时，该项验证由于卫星异常被暂停。该公司当时未透露导致暂停的具体异常原因和重启时间，以及两颗卫星的距离数值。2022 年 2 月 17 日，该公司表示准备重启数周前暂停的"宇宙尺度寿命终止服务"验证项目活动，使服务星自主通过磁力装置捕获充当轨道碎片的目标星。

6. 太空政策逐步军事化

日本太空军事的发展与其太空政策的变化密不可分，它走出了一条由"和平利用"到"防卫运用"的道路。1968 年 5 月，日本颁布了第一部《宇宙基本法》，郑重声明日本的"航天开发仅限于和平利用"。同年，日本国会通过一项决议，规定日本进行宇宙开发必须遵守"非军事"的原则。基于这一决议，日本不能开发、发射和使用军用航天器。

但是随着日本不断调整防卫政策，特别是安倍政府给日本防卫政策解禁松绑的步幅不断加大加快，其外向性的扩张趋势越来越明显，太空政策"军事化"的味道愈来愈浓。2003 年 3 月，日本发射两颗侦察卫星后，航天政策发生了质的转变。前内阁安全保障室主任称，侦察卫星的成功发射，是日本在安全保障问题上，从由美国完全控制情报向建立独立的情报系统迈出的第一步。2005 年 3 月，日本防卫厅制定《今后情报通信政策》的情报战略计划。根据这个计划，日本将利用侦察卫星、民用通信和广播卫星等组成一个完整的图像情报搜集和传递网络，情报搜集范围从东亚扩大到中东地区乃至部分非洲国家。很显然，日本航天界在为日本增强军事实力推波助澜。2008 年 5 月，日本参议院全体会议通过《宇宙基本法》，规定太空开发应"有助于安保"，正式认可了日本可以拥有"非侵略目的"的卫星，摆脱"和平利用"的限制，实现了太空政策的第一次"自我松绑"。

2009 年，日本通过了《航空基本法》，使日本航空自卫队得以利用太空资源，并展开相关政策的研究、制定和规划，为未来太空行动奠定法理基础。2009 年日本还制定了《太空开发利用基本方针》，明确了军事利用太空的具体措施，加快了外空军事化进程。可以看出，日本在航天技术与应用领域取得相当大的成就的同时，积极发展相关太空理论与规划，它谋求成为军事航天大国的步伐也正在加快。

2012年6月，日本国会又通过了《独立行政法人宇宙航空研究开发机构法》修正案，决定删除原法案中太空开发"限于和平目的"的条文。根据这一法律，日本的宇宙航空研发机构今后可以进行防卫研究，并将太空开发的成果用于军事领域，即可以研制用于安保、防卫的军事卫星，这是日本太空政策的第二次"自我松绑"。

2014年8月28日，日本防卫省修改了《宇宙开发利用基本方针》，明确指出，日本将成立专门的太空监视部队，对宇宙卫星和垃圾的运行动态进行跟踪和分析，以逐步加强太空态势感知能力，加强日美在太空的合作，应对来自卫星的武器攻击。

2015年1月，日本政府召开宇宙开发战略本部会议，在2014年12月9日公布的草案基础上，正式确定新版《宇宙基本计划》。此次新计划的调整，内容涉及军事航天、民用航天、航天工业基础及国际合作等内容，核心是"应日本国家安全战略的需要，将保障太空安全和航天军事应用作为首要目标"。安倍政府制定的新《宇宙基本计划》，虽然仍打着"和平开发太空"的幌子，却磨刀霍霍，接连突破太空开发禁区，强力推动军用卫星研发，打造日本的太空堡垒。新版计划彻底撕下了日本以往"和平利用太空"的伪善外衣，转而将太空安全作为首要的政策目标，突破了军事利用太空的限制，在推进太空军事化上迈出了实质性一步。

2020年4月，日本国会正式通过《防卫省设置法》修正案，批准2020财年在日本航空自卫队下设置"宇宙作战队"。6月，日本内阁府网站发布修订版《宇宙基本计划》，仍将"确保太空安全"作为日本太空战略的首要目标，提出要在安全领域充分发挥小卫星星座的作用，包括在探测、追踪导弹的技术方面、探月方面与美国合作，还将推进月球南北极水资源的探测。将监视他国卫星和太空垃圾、提升"天地"情报通信能力，以及间谍卫星组网，作为日本中长期卫星发展目标。

2020年5月，日本航空自卫队首支"宇宙作战队"正式成立并举行授旗仪式，宇宙作战队启动编制约为20人，主要职能是监视太空垃圾、陨石和可疑卫星，力争在2026年底前发射自己的太空监视卫星。据报道，日本防卫省将与美军和日本宇宙航空研究开发机构（JAXA）合作，力争构建情报共享系统。

2020年7月，日本政府发布2020年版《防卫白皮书》。白皮书分析了美国、中国、朝鲜等日本周边国家的安全环境，阐述了日本的防卫政策和能力。强调与美国共筑太空作战联盟，太空作战力量建设意味浓厚。

2022年3月，日本防卫省宣布成立"宇宙作战群"和"网络防卫队"。3月18日，日本航空自卫队在东京都府中基地举行了"宇宙作战群"授旗仪式，聚焦解决周边国家开发反卫对日本卫星防御带来的紧迫挑战。同时成立的还有"宇宙作战指挥所运用队"，负责部队的指挥管制和装备的研究运用。"宇宙作战群"，现有约70名自卫队员，作为"宇宙作战队"上级组织，掌管太空领域的各种行动，下设第1宇宙作战队（约20人）和宇宙作战指挥所运用队（约30人）。日本防卫省计划2022年成立负责调查卫星信号电磁干扰情况的"第2宇宙作战队"，并将"宇宙作战群"规模扩大至120人。

5.2　印度，后起之秀，大国梦想

印度作为全球地缘政治的重要力量，自独立以来始终将发展航天技术作为迈向世界大国、增强综合国力的重要战略举措。印度国家航天委员会作为国家航天活动最高决策机构，航天部负责民用航天，负责所有卫星的研制生产和发射测控，国防部则管理导弹的研制和生产。随着美国为首的西方国家不断强调太空威胁，将太空域视为作战域，加紧开展太空整军备战活动，印度不甘落后。2019年3月，印度成功利用ASAT导弹击落了一颗发射于1月24日运行在300km高度的本土Microsat-R卫星，印度总理宣布印度成功进行首次反卫星试验，正式迈入"太空强国"行列。

印度发展航天技术是沿着两条线索进行的：①发展探空火箭，既用于科学研究，又为研制运载火箭打下基础；②探索卫星应用。由于早期不具备卫星发射能力，印度采取的方式是独立研制卫星，借助国外的运载火箭发射。这样做的好处是能尽快获得卫星研制经验，尽早开始卫星应用，从而使印度的国内经济和社会许多领域较早从太空技术的发展中得到收益，并使民众更能理解和支持发展航天事业。

1. 运载火箭稳步推进，一箭多星创纪录

印度的航天事业发展，起源于20世纪60年代初，在苏联的技术援助下起步。早期的活动是建立组织机构、制定规划、引进国外技术、发展探空火箭。1961年，在原子能部组建了印度国家航天研究委员会，为印度航天活动做了初步规划。而后又在顿巴组建了印度空间研究组织，下设7个研究和试验单位：物理研究实验室、印度遥感局、国家自然资源管理系统中的相应机构以及其他单位。空间研究组织名义上由总理直接领导，具体负责的是印度航天事业的倡导者维克拉姆·萨拉巴伊。

1963年底,在苏联的帮助下,印度在顿巴发射了第一批用于气象研究的探空火箭。此后20多年间,还得到了美国、英国、法国的帮助,使印度火箭研制逐步积累了经验并获得了必要的技术储备。印度的探空火箭主要是罗西尼系列两级固体火箭,它共有8个不同的型号。1969年,罗西尼探空火箭RH-75进行了首次飞行试验。这是单级火箭,它能将1kg载荷发射到9km高。第二种型号是RH-100,也是一种单级火箭,采用固体推进剂,能将3kg载荷发射到14km高度。此后,印度不断对罗西尼探空火箭进行改进,包括尝试采用多级布局。经过多年努力,探空火箭的性能有了很大提高。该系列中的罗西尼-560火箭是两级结构,固体推进剂,长7.6m,重1.39t。它能将100kg载荷发射到330km高。这种利用探空火箭、固体发动机起步的发展方针,同日本航天技术的早期发展十分相似。经过10多年的努力,积累了研制大型固体火箭的技术和经验,为20世纪70年代后研制航天运载火箭奠定了基础。

印度的运载火箭研制起步虽然不晚,但由于印度航天发展方针强调应用卫星,因而,70年代印度才正式制定运载火箭计划。第一代运载火箭SLV-3,于1973年开始研制。这是一种四级全固体火箭,长19.4m,重17.3t,低轨道运载能力约为40kg。这种火箭主要采用的是印度本国的技术,只有约15%是引进的。1980年7月18日,第二枚SLV-3火箭成功地将35t重的罗西尼试验卫星送入轨道,从而使印度成为第七个进入航天时代的国家。印度总理拉吉夫·甘地把这次成功发射称为"印度和印度科学家的伟大时刻。"近年来,印度将每年航天经费的一半以上用于发展火箭技术,目前已是世界上少数几个具有独立发射航天器能力的国家之一。2004年1月,印度装有国产低温发动机的"地球同步轨道卫星运载火箭"成功发射了一颗地球静止卫星,使印度成为俄罗斯、美国、欧洲、日本和中国之后,全球第6个拥有自主火箭设计、制造和发射地球静止轨道卫星的能力的国家。

2008年4月,印度用自己生产的火箭成功发射了10颗卫星,标志着印度太空技术达到世界先进水平,是印度空间研究组织成长历程中的一个重要里程碑。2016年6月印度自行研制的四级运载火箭——极地卫星运载火箭把搭载的20颗卫星成功送入轨道。2017年2月15日,印度在东南部安得拉邦斯里赫里戈达岛的印度航天发射中心,印度航天部门通过运载火箭一次性发射104颗卫星,印度媒体将其视为"创纪录的惊人壮举",打破了俄罗斯2014年创造的"一箭37星"纪录,但这个纪录已于2021年被美国SpaceX公司的"一箭143星"的"运输者1号"任务打破。从发射质量上看,印度发射的 104 颗卫星包括一颗 714kg 重的地球观测卫星和 103 颗质量总计 664kg 的纳米卫星，总重量只有 1.38t，而"运输者 1 号"发射总质量达到 5t。但是，印度的一箭多星技术仍是世界先进水平。

2. 侦察与遥感卫星规模大

印度是继苏联、美国、法国、日本、中国、英国之后，第七个独立研制并发射成功人造卫星的国家，不仅制造出了自己的多种应用卫星，而且还非常重视把航天技术广泛应用于国内的教育、通信、气象、资源勘探。

印度很早就开始筹划研制侦察卫星，以期成为亚洲军事航天大国。1988 年 3 月，印度成功发射了首颗第一代遥感卫星 IRS-1A（India Resourcesat-1A），使印度成为继美、苏、法之后第四个拥有太阳同步轨道遥感卫星的国家。1991 年 8 月又发射了第二颗遥感卫星 IRS-1B。这两颗卫星分辨率分别为 72m 和 36m。1995 年 12 月发射的第二代遥感卫星 IRS-1C，能提供分辨率为 23m 的多光谱图像和分辨率为 5.8m 的全色图像，比美国陆地卫星-5 的技术指标还高，与法国斯波特-5 卫星相当。此外，在 1994 年和 1996 年，印度还成功发射了两颗只带一种遥感器的小型遥感卫星 IRS-P2、P3。

1999 年夏季，印巴两国在克什米尔地区爆发的大规模武装冲突后，印度军方事后检讨认为，由于缺乏卫星监视，巴基斯坦武装分子得以秘密地将部队调入边境山区，使印方措手不及。由此，印度加快了侦察卫星的研发步伐。

1999 年发射了"IRS-P4"（又称为"海洋卫星-1"），装有 1 台海洋水色监控仪和 1 台多频扫描微波辐射计，其中前者为 8 频段多光谱相机，空间分辨率为 360m，幅宽为 1420km。2009 年 9 月 23 日，"印度海洋卫星-2"上天。该星可以每隔 2 天飞越印度洋一次，能够识别潜在的渔场、观察印度洋地区的气候变化等，其中的电子散射仪还可以精确地测量某个海域的风向和风速。

2005 年 5 月 5 日，印度制图卫星"Cartosat-1"（也称为"印度遥感卫星-P5"）升空。它是印度首颗具备立体成像能力的卫星。它使印度遥感卫星进入了一个新阶段，可以提供生成数字地形模型/数字高程模型的立体像对，还能准确及时地监视印度周边国家的导弹试验及发射情况，并可提供清晰的图像。

2007 年 1 月 10 日，印度"制图卫星-2"（又称为"遥感卫星-P7"）升空。它还是 1 颗能进行大气、海洋及气候观测的综合卫星，装有高度计、微波辐射计和散射计、热红外辐射计等，对全球大气及海洋环境进行综合观测。

"制图卫星-1、2"都属于军民两用的卫星。虽然 2008 年 4 月 28 日发射的印度"制图卫星-2A"（也称为"遥感卫星-P8"）与"制图卫星-2"性能一样，但它是为印度军方定制的，可使印度有能力对邻国所有的核试验爆炸地点、导弹发射井位置以及部队的集结进行密切监视，如印巴边境的兵力部署、中巴导弹活动情况。该卫星具有较为灵活的机动能力，一旦需要可随时变轨，从不同高度和角度，对重要目标实施纵深拍照。它的重复访问周期为 4 天，但通过适当的轨道机动可将重访周期提高到 1 天。"制图卫星-2A"上装有 1 台先进的全色照相机，分辨率约为 0.7～1m，可以满足军方和情报系统的需求。该卫星采用了若干新技术，如相机单轴双镜、基于电光结构的碳纤维增强塑料、轻质大尺寸镜片、JPEG 数据压缩、先进的固态存储器、高能恒星敏感器等。

2010 年 7 月，印度"制图卫星-2B"升空，该卫星携带 1 台高分辨率全色相机，分辨率达 0.8m，幅宽 9km，具备较强的军事用途。2016 年 6 月，印度"制图卫星-2C"卫星（Cartosat-2C）入轨，制图 2C 空间分辨率优于 1m，幅宽 10km，与前几颗卫星一样都属于军民两用卫星。发射成功后，它将与之前发射的制图卫星-1、2A、2B 号组成全球顶尖的遥感卫星星座。除制图卫星-2 系列外，制图卫星-3 系列首星于 2019 年发射，在光谱分辨率和空间分辨率上都有大幅度的提升，全色分辨率能够达到 0.25m，达到高端遥感卫星水平。

2009 年 4 月，印度首颗雷达卫星——"雷达成像卫星-1"升空。它是从以色列购买的，分辨率 1m，可轻易地"识破"用布或树叶伪装过的隐蔽营地和运输工具，能用于监控印度边境，侦察越境活动，帮助安全部队打击恐怖主义活动，此外也能用于地质灾害监测、农林业生产、土壤水分分析、地质勘测和海冰等。2012 年 4 月，印度首颗国产雷达卫星——"雷达成像卫星-2"发射成功。星上的 C 频段合成孔径雷达是自主研发和生产的，且构造较以往的遥感地球观测卫星更加复杂。它能够穿透云雾，全天时、全天候高分辨率成像，可以军民两用，所以也被称为印度第 1 颗国产雷达成像侦察卫星。"雷达成像卫星-2"入轨后，提高了印军对复杂气象条件地区的监控能力，并可侦察和监视攻击印度的弹道导弹。由此，印度建成了由"制图卫星-2A、2B""雷达成像卫星-1、2"组成的侦察卫星网，使印度初步具备对邻国进行定期侦察的能力。为了使侦察范围覆盖整个南亚乃至全球，侦察效果更好、更稳定，印度还决定在未来几年发展由至少 6 颗照相侦察卫星组成的卫星侦察网，届时其分辨率也将提高到 0.5m。2019 年 5 月、12 月，2020 年 11 月，2022 年 2 月，印度分别发射 4 颗雷达成像卫星，最高分辨率达到 0.35m。

目前，印度在轨运行的遥感卫星十余颗，它们分别是"技术实验卫星-1"

第 5 章 其他主要国家军事航天发展

"资源卫星-1、2""制图卫星-1、2、2A、2B、2C""印度迷你卫星-1""雷达成像卫星-1、2""海洋卫星-2""热带云卫星",分辨率从 1～500m 不等,印度向全球市场出售这些数据,已成为全球遥感资料信息市场上的重要一员。

3. 通信卫星,印度第六个迈入专有国防卫星俱乐部

2000 年 3 月 22 日,印度借助欧洲"阿里亚娜"火箭成功地将一颗新型通信卫星送上太空。2013 年 8 月,印度成功发射首颗国产军用卫星。这颗卫星是一种重达 2.5t 的多谱段通信/侦察卫星,主要用于覆盖印度洋地区,为印度海军的舰艇、飞机提供通信保障和实时情报数据。这颗国防卫星发射成功,标志着印度继美国、俄罗斯、中国、英国、法国等 5 国之后正式加入"专有国防卫星俱乐部"。2014 年 1 月,印度装有国产低温发动机的"地球同步轨道卫星运载火箭"成功发射"地球静止卫星-14"通信卫星,使印度成为继俄罗斯、美国、欧洲、日本和中国之后,全球第 6 个拥有自主火箭设计、制造和发射地球静止轨道通信卫星能力的国家。图 5-3 为印度通信卫星。

图 5-3 印度通信卫星

4. 导航卫星系统,第六个具有本国卫星导航系统的国家

印度卫星导航系统由印度区域卫星导航系统(IRNSS)和 GPS 辅助型静地轨道增强导航系统(GAGAN)两部分组成。印度区域卫星导航系统提供民用标准定位服务和特定授权使用者(军用)的限制级服务,包含 7 颗卫星及辅助地面设施。该系统完全由印度控制,所有空间段、地面段和用户接收机都在印度研制与生产。至 2018 年 4 月,印度已完成了 7 颗导航卫星的发射入轨任务。这使印度成为继美国、俄罗斯、欧盟、中国、日本等国家之后世界上第 6 个具有本国卫星导航系统的国家,能够为本国的民间和军方提供必

要的导航和定位服务。在区域导航卫星系统初步建成后，再发射大约 10 颗导航卫星（图 5-4），最终形成印度版全球卫星定位系统。

图 5-4　印度导航卫星

5. 载人航天发射

印度空间研究组织（ISRO）计划在 2024 年进行首次载人航天发射，以此为印度独立 75 周年献礼。印度的载人飞船名为"加甘扬"（Gaganyaan），为两舱构型，分为乘员舱和服务舱，可以搭载 3 名宇航员，可独立进行 5~7 天的载人任务。发射将采用 GSLV MK-3 型火箭的载人改进型。印度 4 名宇航员目前正在俄罗斯参加相关训练。载人航天发射前还需完成至少 2 次无人飞行试验。

6. 一体化天战体系

印度一直认为，要想后来居上实现大国梦想，发展军事航天是一条重要的途径。因此在太空领域，印度加快太空技术研发及其军事化的步伐，力图成为该领域的大国。

印度制定的《2020 年太空远景规划》，明确提出在"全球太空力量第二梯队"中占首位的目标。2010 年 5 月，印度国防部首次发布《技术展望与能力路线图》，把导弹防御技术、定向能武器技术、航天军事应用技术列入未来 15 年重点发展的关键性技术。2013 年发布的印度武装部队未来 15 年《技术展望和能力路线图》表明，印度正在推进 Ka 频段卫星通信、星载数据处理技术、低地球轨道/中地球轨道小卫星通信星座等计划。同时，作为路线图的一部分，印度国防研究与发展组织（DRDO）正研发电子侦察卫星。2014 年，印度在国防生产政策方面进行了重大变革，私营企业将更多地参与印度航天项目，扩展国家整体航天能力。

根据《印度空军2020现代化计划》，印度空军正向着"空天部队"转型，将建设集卫星通信、导航、情报监视与侦察、目标打击、导弹预警、大地测量等功能于一体的天战体系，将作战范围由空中拓展到太空。同时，印度着手太空武器的研发，印度军方的反卫星武器（ASAT）设计工作由印度国防研究开发组织（DRDO）和印度空间研究组织（ISRO）共同承担，据印度空间研究组织高层人士表示，"印度已经掌握了足够的'直接撞击低轨道卫星'的航天科技"。2016年5月23日印度使用一枚HS9固体火箭助推器发射一艘用于技术验证的小型航天运载器"可重复使用运载器技术验证器"（RLV-TD），该飞行器以5马赫的速度飞行到64km的高空，之后成功在450km之外降落，整个过程用时仅13min。这是未来印度"航天飞机"的缩小版原型，也是印度可重复使用运载器自主研制计划的首次发射试验。目的在于验证超声速飞行、自动着陆、动力巡航等技术，这次发射是印度实施太空计划迈出的重大一步。印度计划在2030年前后发射正式版RLV，长度将达40m，RLV可以返回大气层滑翔着陆，实现可重复使用，达到低成本太空发射的目标。

7. 组建太空司令部

2007年1月，在印度西部城市甘地纳格尔召开的一次空军会议上，印度空军司令沙希•蒂亚吉说："印度空军已经明确表示需要建立一个太空司令部。太空司令部将整合印度的空军、卫星、雷达、通信系统、战斗机和直升机，以管理印度全国的太空资产，并对太空战武器进行概念研究。"目前，印度空军已经成立了航空航天大队。2013年10月4日，印度空军上将、参谋委员会主席布朗尼在新德里宣称，印度军方已经确认完成了建立特种作战、网络和太空三个新司令部的提议。为应对太空形势的急剧变化，加速太空军事力量的发展建设，印度于2019年4月成立国防太空局，负责统一调度、指挥原本分散在政府和军队系统内的太空部门和资产。之前各自为战的国防图像处理与分析中心、国防卫星控制中心和分属陆、海、空的太空部门和资产全部合并，统一接受国防太空局领导。6月印度批准成立国防太空研究组织，专门负责研发太空作战系统和相关技术，为国防太空局提供技术与研发支持。

8. 成功进行反卫试验

2019年3月27日，印度宣布进行了代号"沙克蒂"反卫星试验，成功拦截一枚低轨卫星，成为第四个完成这一试验的国家。印度首次开展地基反卫试验并获得成功，标志着印度已进入能够击落太空卫星的精英俱乐部。

印度长期以来为了实现世界"一等大国"的梦想，在综合国力不断提升的基础上，正在举全国之力，成功跨越太空技术发展的各个必经的门槛，正在缩短与军事航天大国之间的距离，在不远的将来将跻身于世界军事航天强国之列。

5.3 以色列，深藏不露，一鸣惊人

在跨入航天时代的国家中，第八位是以色列。对于这个始终让人感到有些神秘的国家来说，它的导弹计划和航天计划一直严守秘密，不大为外界所知。长期以来，以色列与中东及巴勒斯坦连年交战，彼此敌意很深。也许正是为了避免各种嫌疑和西方国家的指责，以色列对自己的弹道导弹计划和卫星计划长期秘而不宣。

1973年10月6日，埃及和叙利亚对以色列发动突然袭击。当时不少人认定以色列有能力一两天内打退阿拉伯人的进攻，但事实却让人大跌眼镜。由于情报失误、准备不足，以色列一度被动挨打，濒临绝境，甚至不得不让其秘密研发的核武器进入战备状态。关键时刻，美国动员几乎所有手段向以色列提供援助。其中一项具有战略价值的援助，那就是情报援助。这些情报当中，最典型的莫过于美国的"大鸟"卫星发现了埃及军队在苏伊士运河西岸有一处宽10km的空隙。处于被动地位的以军据此想出绝地反击的妙计：以色列军队利用缴获的埃及苏式坦克，伪装成埃及军队，成功绕到埃军背后，切断了埃及后勤补给线。这为以色列取得军事上的主动，发挥了重大作用，在某种程度上，这次战争给以色列的教训是直接而明确的——以色列必须获取独立的太空侦察能力。

1979年，以色列军方的情报分支机构负责人曾列举了一个未来10年需要发展的军事情报手段清单，其中一项就是间谍卫星。1982年，以色列科技部部长宣布将建立一个太空机构。同年，以色列的一系列卫星工程展开，包括建设必要的基础设施，训练数以百计的工程师和技术人员等。由于已经研制出中程导弹，因此小型运载火箭研制有了一些基础。以色列用于发射第一颗卫星的火箭就是在"杰里科Ⅱ"导弹基础上改制而来，火箭命名为"彗星2号"，为一种两级固体型火箭，由以色列飞机工业公司研制，其低轨道运载能力约为150kg。1988年9月19日，以色列用"彗星2号"将其第一颗卫星"地平线-1"送入250～1155km高的轨道，从而成为世界上第8个自行研制并发射卫星的国家，并成为世界上第3个拥有侦察卫星的国家。"地平线"

（Ofeq）战术侦察卫星载有红外照相、电子监视、电磁探测等设备，能够发现和监视潜在目标，并在打击后进行毁伤评估。虽然许多军事和航天专家对以色列的航天计划进行了种种推测，并确认有不少这样的计划存在，但以色列发射成功第一颗人造卫星的消息仍然让世人大吃一惊。这次发射的又一个引人注目的特点是，它没有采取几乎各国都采取的自西向东发射的方式，而是自东向西发射，从而造成了载荷量损失。众所周知，地球自西向东自转，为了利用地球自转带来的惯性，运载火箭的发射总是顺着地球自转的方向。但以色列地理位置特殊，如果向东发射，肯定会飞越叙利亚、沙特或者伊朗等国家，万一发射失败，火箭坠落在这些国家，必然引起复杂的政治甚至战争纠纷，考虑到这些因素，以色列最终选择了一种比较另类的方式，这足以说明以色列的运载火箭还有更大的发射潜力。

2008年1月21日，以色列国防部的首颗合成孔径雷达卫星"技术合成孔径雷达"（TecSAR）成功发射升空。"技术合成孔径雷达"主要载荷是先进的高分辨率X频段合成孔径雷达，卫星采用三轴稳定方式，姿态控制系统确保高指向精度。"技术合成孔径雷达"的有效载荷能以宽覆盖模式、多视场成像模式、各种条带模式、各种极化组合成像模式（任选）和若干聚束模式等多种模式工作，不同的工作模式有不同的分辨率、覆盖面积和处理方法，其中镶嵌模式可获取高分辨率、大覆盖面积的图像。这几种工作模式采用电子束或机械方式来控制。能以这些不同模式工作是因为"技术合成孔径雷达"卫星采用了许多新技术，其天线和发射机设计新颖，使卫星重量轻，所以容易机动；有效载荷能用电子束控制高速电子部件，产生灵活多变的波形。由于有效载荷性能高，"技术合成孔径雷达"卫星能获取大量图像，从而能以较低成本产生相同数量的图像。目前，TecSAR雷达成像卫星与Ofeq-5、Ofeq-7、Ofeq-9、EROS-A、EROS-B等光学成像卫星相结合，在不同高度和倾角的轨道上进行协同工作，大大提升以色列太空监视能力。

2016年9月，以色列在帕勒马希姆空军试验基地，使用"沙维特2号"运载火箭发射"地平线-11"（Ofeq-11）侦察卫星。至此，以色列已经发射4代11颗"地平线"卫星。在这些卫星中"地平线-8"卫星、"地平线-10"卫星装备了先进的高分辨率合成孔径雷达，能全天候、全天时对地侦察，其余均为光学成像侦察卫星。"地平线-11"卫星最高分辨率可达0.5m，是目前以色列研制的最先进的侦察卫星。2020年7月，以色列国防部国防研究与发展局和以色列航空航天工业公司成功发射了"地平线-16"光学侦察卫星。该卫星是以色列"地平线"系列光学和雷达成像侦察卫星的最新型号。

以色列地球资源观测系统（EROS）系列遥感卫星是高分辨率对地观测图像卫星，星座中每颗卫星寿命为 4～6 年。以色列实施 EROS 卫星计划的重要目的是实现早期导弹预警和实时监视周围阿拉伯国家的行动。为了实现导弹预警目的，以色列一方面装备美国导弹预警卫星接收设备，另一方面发展地球资源观测卫星系统。以色列是除美国之外第 1 个装备美国"国防支援计划"（DSP）导弹预警卫星接收设备的国家。以色列地球资源观测卫星可以用于军事监视，它不仅有高的地面分辨率，而且实时性好。对于机动目标进行实时动态监视，从监视到行动的响应时间为数分钟到数十分钟。以色列地球资源观测卫星也能用于监视静止目标。当有 4～6 颗地球资源观测卫星同时运转时，地面覆盖周期将由单颗星的 4～6 天缩短到不到 1 天，从而可以满足对静止目标监视的要求。此外，该系统也可以部分弥补"国防支援计划"导弹预警卫星分辨率低的不足,它们结合后可以有限度地提高导弹预警的效果。2020 年美国授予以色列直接访问高度机密卫星（比如 SBIRS）等导弹预警卫星的权限，并确保以色列可以通过获取美军列装装备，快速获取防御武器平台信息。

同时，以色列自行研制并成功发射了"阿摩斯"通信卫星，成为世界上少有的能自行设计和生产通信卫星的先进国家之一。

以色列航天局已经与美国、法国、德国、加拿大、印度、乌克兰、荷兰和欧盟航天机构签署了合作协议，还正在准备与巴西和韩国签署协议。

以色列把导弹防御作为重中之重。先后发展了箭 1、箭 2 导弹防御系统，箭 2 系统试验成功率达 90%。2014 年 1 月，以色列导弹防御组织与美国导弹防御局成功开展箭 3 导弹防御系统的飞行试验，此次是箭 3 拦截弹的第 2 次飞行试验。试验在以色列地中海范围的测试靶场进行，约持续 10min，拦截弹按计划成功进行了大气层外飞行，但没有对实际靶弹进行拦截。此次试验成功验证了箭 3 拦截弹的机动能力与大气层外拦截能力。箭 3 系统将为以色列提供高层弹道导弹防御保护，提升箭式系统的拦截成功率。2020 年以色列与美国在定向能反导领域开展合作，以应对日益增多的各种空中和导弹威胁。

5.4 伊朗，自主研发，突出重围

也许很多人不知道，伊朗是 1959 年设立的联合国和平利用外太空委员会的 24 名创始成员国之一。但长期以来，伊朗航天的发展一直受到美国等国家的压制和制裁，伊朗一直在努力提高包括火箭在内的航天系统的自主研发能力。

2009年2月，伊朗火箭"信使2号"将首颗自制的"希望号"科研和通信卫星送入太空轨道，成为世界上第9个具备自行发射卫星能力的国家。2010年首次将动物送入太空，2012年2月，伊朗用"信使"火箭成功发射了伊朗"先驱号"观测卫星。2013年1月伊朗国防部部长宣布，该国利用"开拓者"运载火箭将一只活猴送上太空并随后安全返回地面。2015年2月伊朗成功发射"黎明"国产卫星，卫星重约52kg，配备有GPS导航系统，可在太空停留一年半，并向地面站传回高清图片。该卫星的一大特色是可利用推进器，完成变轨任务。"黎明"卫星是伊朗发射的第四枚国产卫星，此次发射标志着伊朗的航天技术进入了新的发展阶段。2015年8月伊朗与俄罗斯签署协议，俄罗斯将帮助伊朗建设一个遥感系统，用以收集有关地球表面、大气和海洋的信息。

2016年5月，伊朗宣布将在不久发射自主开发"迈斯巴-2"（Mesbah-2）和"纳维德"（Nahid）通信卫星，并正在研制3颗遥感卫星。

伊朗在首都德黑兰以东大约200km建有一座大型卫星发射中心——塞姆南卫星发射中心，在德黑兰以西大约70km建有一座卫星监测机构，原计划在2019年左右完成伊朗第一个载人航天任务。

2020年4月，伊朗伊斯兰革命卫队利用"信使"（Qased）运载火箭将首颗军事卫星"光明"（Noor）成功送入425km的低地球轨道，该卫星主要用来监测波斯湾地区的动向。此次发射表明伊朗火箭技术取得重大飞跃，已经基本具备研制洲际弹道导弹的能力。

2022年3月，伊朗伊斯兰革命卫队一枚"信使"火箭成功地把"光明-2"（Noor-2）卫星送入了轨道。火箭是从伊东北部的沙赫鲁德导弹靶场起飞的。火箭由三级组成，第一级由"流星3B"型弹道导弹升级而来，可以送小型卫星进入轨道。"光明-2"为侦察卫星，发射重量很可能不到45kg，为2020年4月由同型火箭发射的"光明-1"卫星的后续型号。

5.5 朝鲜，火箭发射成功，卫星应用能力有限

20世纪70年代末，埃及与苏联交恶，以苏制武器为主的埃及军队在全球寻求新的武器供应伙伴，还向友好国家赠送苏制武器。朝鲜利用这个机会第一次接触到弹道导弹实物，并带回来几套"飞毛腿B"战术导弹武器系统

（含发射车、导弹等其他附属物资）。80年代中期，朝鲜成功逆向仿制出"飞毛腿B"的国产化版本，将其命名为"火星5"。朝鲜的飞天之路就是从"飞毛腿"起步的。以此为基础，朝鲜研发出最大射程达1300km的"芦洞1"中近程弹道导弹，并以"芦洞1"作为一子级、"火星6"作为二子级研发出"大浦洞1号"中程导弹，标志着朝鲜突破了多级火箭设计和级间分离技术，为日后开发远程导弹和运载火箭打下了基础。随后，朝鲜通过在"大浦洞1号"上增加一个小型固体火箭发动机作为三子级研发出了"白头山1号"运载火箭。1998年8月31日，朝鲜宣布用"白头山1号"运载火箭成功发射"光明星1号"卫星，但其他国家均未探测到卫星。2009年4月5日，朝鲜在舞水端里发射场首次发射由"大浦洞2号"加装液体三子级火箭而成了"银河2号"运载火箭，并声称搭载的"光明星2号"发射取得成功，但美国、日本、韩国都表示并未发现卫星进入轨道。2012年4月13日，朝鲜用"银河3号"火箭发射"光明星3号"卫星，该火箭为三级，一、二级为液体火箭，第三级为固体火箭，朝鲜承认未能成功进入轨道。2012年12月12日朝鲜用改进"银河3号"远程火箭，将自行研发的极地轨道地球观测卫星"光明星3号"02星（图5-5）成功发射升空。这是朝鲜在经历3次发射失败后首次获得成功，从而成为世界上第10个具有独立航天发射能力的国家，在全世界产生了较大影响。2016年2月7日，朝鲜再次发射卫星，将地球观测卫星"光明星4号"卫星成功送入轨道。2016年9月，朝鲜在西海卫星发射场成功进行新型大功率运载火箭发动机的地面点火试验，朝鲜正朝着发射静止轨道卫星的方向努力。

图5-5 朝鲜发射光明星3号卫星

2022年2月，朝鲜曾进行了一次侦察卫星发射试验，以检验其高分辨率摄影系统、数据传输系统和运行精确度等。试验中，一台搭载在侦察卫星上的摄影机进行对地面特定区域的垂直和倾斜摄影，并确认了高分辨率摄影系统、数据传输系统和姿态控制装置特性和工作精度。根据日本的评估结果，此次试验朝鲜导弹飞行距离约300km，最高高度约600km，之后降落在朝鲜东海岸。3月朝鲜再次进行了侦察卫星发射试验，以检验卫星数据收发及控制指令系统和各种地面卫星管制系统的可靠性。本次试验是由朝鲜国家航空航天发展局和国防科学院根据侦察卫星开发工程计划联合进行的。这是一周内朝鲜进行的第二次测试卫星设备的发射活动，也是2022年以来的第9次发射活动。

朝鲜有两个发射场：东海卫星发射场和西海卫星发射场。东海卫星发射场又名舞水端里卫星发射场（图5-6），是朝鲜2012年前航天活动的主要发射场。西海卫星发射场又称东仓里导弹基地，始建于2000年，距离中朝边境不到50km，因其位于朝鲜平安北道铁山郡东仓里而闻名。西海发射场区有发射区、试验区和发射观察区。2012年4月8日，朝鲜对外国媒体开放该发射场，允许参观"光明星3号"卫星发射综合指挥所和发射塔。西海发射场已经成为朝鲜航空航天计划的主要中心。2015年朝鲜卫星控制中心"国家宇宙开发局卫星控制综合指挥所"落成。

图5-6 朝鲜咸镜北道舞水端里导弹试验场的发射台和导弹组装厂

5.6 韩国，火箭发射一波三折，遥感卫星国际先进

韩国航天起步于20世纪80年代末，以人造卫星和运载火箭技术为重点，

主要通过国际合作、技术引进再创新发展航天技术与能力。21世纪以来，韩国明确提出"全方位防御战略"，加快实施"自主防卫"步伐，全面推进国防和军队现代化，但是由于地缘政治关系和历史遗留问题，韩国在安全防务方面对美国高度依赖。2021年5月，美国解除韩国开发或拥有射程超800km弹道导弹的"导弹指南"限制后，韩国开始努力制定基于军种间合作的太空作战概念和战略，并加大太空领域的投资力度，加强与美国的全方位太空合作，力图在21世纪维护韩国的太空利益。2021年5月，韩国科学技术信息通信部与美国航空航天局（NASA）正式签署《阿尔忒弥斯协定》，加入美国的载人登月计划。

1. 从"罗老号"到"世界号"，努力发展自主航天发射能力

早在2002年，韩国在俄罗斯帮助下开始建造罗老宇航中心，正式开始研发"韩国航天运载器"（"罗老号"，KSLV）运载火箭。然而，与朝鲜相比，韩国发射火箭的进程一直比较曲折，中途还差点因为资金和技术投入不足面临夭折。在2009年8月的首次发射中，火箭实际上已到达了轨道，但整流罩分离机构问题使卫星未能正确部署。在2010年6月进行的第二次发射中，火箭在飞行途中爆炸。2012年10月26日原本计划利用"罗老号"运载火箭发射卫星，但因当天上午在发射准备过程中发现火箭第一级与发射台连接部分存在泄漏而被推迟。11月29日的发射尝试又因发现第二级推力矢量控制系统存在问题而在距起飞不到17分钟时被中止。直到2013年1月30日，韩国才成功发射了"罗老号"运载火箭（图5-7），将本国"科技星"2C卫星送入轨道，从而成为继俄罗斯、美国、法国、日本、中国、英国、印度、以色列、伊朗和朝鲜之后第11个具备自行发射卫星能力的国家。

图5-7 "罗老号"运载火箭

但是"罗老号"运载火箭并非完全"韩国制造",技术支援来自俄罗斯,且在发射时间上落后于朝鲜的"银河3号"火箭,因此韩国2010年3月,启动了完全自主的"韩国航天运载器"("世界号",KSLV-2型)运载火箭的研发工作。经历12年的自主研发和一次失败的试射,韩国"世界号"运载火箭于2022年6月21日发射成功,并将携带的卫星送入预定轨道。这是韩国第一个全程自主研发的国产运载火箭,它总质量达200t,长度47.2m,搭载了6个液体燃料发动机,运载能力达到1.5t。目前,全球只有美国、俄罗斯、法国、中国、日本和印度能通过自主研发的运载火箭将1t以上的实用卫星送入太空,韩国由此成为第七名。

2. 军事太空装备,刚刚起步

2020年以前,韩国没有专门的军事卫星,主要通过国际合作方式先发展了三类民商用卫星,但是可为军队提供服务。

第一类是通信卫星——"韩国卫星"或"木槿花"。从1995年开始,韩国利用国外火箭,发射了4颗通信卫星。其中,第四颗卫星是韩国国防部首颗军民两用卫星。使得韩军的通信范围东西可达自太平洋的马绍尔群岛至马六甲海峡,南北能达澳大利亚北部至西伯利亚北端,不仅可以将韩军作战态势图从国内司令部传输给海外的舰艇、飞机,而且能够回传包括视频在内的各种信息。

第二类是遥感卫星——"韩国多用途卫星(KOMPSAT)"或"阿里郎"卫星。遥感卫星及其应用是韩国航天发展的重点领域,韩国遥感卫星能力处于国际先进水平。1999年,韩国用国外火箭发射了与美国合作研制的"阿里郎1号"卫星。2005年,韩国利用国外火箭发射了自行研制的"阿里郎2号"卫星,极大地提高了韩国的航天侦察能力,初步具备了监视周边地区导弹基地和核试验场的能力,是韩国首颗能够满足军事侦察需求的成像卫星。2012年韩国发射了自主研发分辨率为0.7m的"阿里郎3号"卫星,使韩国成为继美国、欧洲和以色列之后第4个拥有1m分辨率以内卫星的国家。2013年发射的"阿里郎5号"雷达成像卫星(图5-8),使韩国成为继美、日、德、意、以、印之后第7个具备1m分辨率雷达成像的国家。

第三类是综合卫星。2010年,韩国发射了韩国首颗地球静止轨道卫星——"通信、海洋、气象卫星1号",这标志着韩国成为世界上第7个拥有气象卫星的国家(组织)。

韩国计划在2031年前花费13.8亿美元发展太空技术,以在太空领域占据优势,韩国各军种目前正研究各自与太空相关的作战概念、设计跨军种的太空行动以提高作战效率，应对潜在威胁。

图 5-8 "阿里郎 5 号"雷达成像卫星

2018 年，韩国国防发展局启动了"425 工程"，计划建造并发射 4 颗高分辨率雷达成像卫星和 1 颗光学成像卫星，旨在加强对朝鲜军事活动的监视。根据韩国科技评估与规划院（KISTEP）2019 年的一篇报告，在该项目下，韩国将在 2025 年前把 5 颗卫星送入 600~700km 的近地轨道，其中 4 颗为合成孔径雷达（SAR）卫星，1 颗配备光电/红外望远镜，目的是要让韩军能以分辨率为 30~50cm 的图像，每隔两小时对其拥核邻国的关键军事设施进行一次观测。

2020 年 7 月，韩国发射了首颗 ANASIS-Ⅱ军事通信专用卫星，可覆盖朝鲜半岛周边 6000km，能有效提升韩国军队的安保和信息处理能力，支持执行作战任务。韩国国防采办项目管理局（DAPA）已授予韩华集团和 LIG Next 公司一份价值 7.5 亿美元合同，用于在 2021—2025 年大规模生产军用卫星通信系统（ANASIS-Ⅱ）地面终端。

韩国应用卫星的研制，从与国外合作研制起步，逐步变成自主研制，韩国航天逐渐从"引进来"向"走出去"的阶段过渡，航天应用能力不断成熟。韩国企业韩华（Hanwha）集团公司还计划到 2030 年发射 2000 颗低轨通信卫星，但卫星发射入轨可能主要依靠外国运载火箭。

3. 成立太空作战中心

2021 年 9 月韩国空军太空作战中心成立，该中心由空军参谋长直接领导，由三个部门组成，分别负责太空政策制定、太空能力开发和太空态势感知。该中心旨在为国家武装部队制定太空政策并加强与国内和国际合作伙伴的合作，以发展国家太空安全能力，应对太空安全威胁。2022年1月，韩国参谋长联席会议成立军事太空分部，以加强太空作战能力。2022年5月，韩国新任总统尹锡悦表示，为使韩国到2035年跻身世界七大航天强国，将推行一系列措施：①在拥有100多家航空航天公司的庆尚南道泗川市设立一个独立的航空航天机构，为民用和军用太空计划提供综合管理；②开发用于独立发射卫星和探测月球、火星的大功率火箭；③在2035年之前全面建成自主的全球导航卫星系统；④加快侦察卫星建造发射进程，深化与美国的太空合作，确保对朝鲜的军事活动进行更彻底的监视；⑤寻求扩大在NASA阿尔忒弥斯探月计划中的作用，并加强与其他航天大国合作。

5.7 巴西，广泛开展国际合作，卫星应用成效显著

在航天科技水平方面，巴西在发展中国家里属于佼佼者。早在20世纪中期，巴西就已开始从事太空数据的搜集。1961年巴西在纳塔尔附近建立了拉美地区最大的宇航研究机构——巴西国家空间研究所（INPE）；1994年建立了巴西航天局，该机构拥有两个发射基地、一个地面卫星站和卫星控制中心等。巴西在探空火箭的研制与开发、卫星发射以及环境和气象监测等方面成果较为显著。巴西还拥有一支较高水平的科研队伍，有自己的火箭开发和模拟实验室、火箭发射基地和地面控制中心等，在发展中国家里处于领先水平。巴西还是发展中国家里面唯一参与建设国际空间站并进行太空探测的国家，具有较先进的发射器和较优越的航天发射地点以及卫星处理能力。巴西积极与包括中国在内的众多国家开展航天合作。

1978年，巴西首次提出建立国内通信卫星系统的计划。1982年与加拿大斯派尔公司签订了制造2颗"巴西卫星"及地面设施的合同。"巴西卫星1号"于1985年2月发射成功，"巴西卫星2号"于1986年3月发射成功。这2颗卫星与数百个地面站构成了巴西卫星通信系统，这是南美第一个通信卫星系统。1993年巴西通过美国的火箭将第一颗自行研制的卫星发射入轨。

同时，巴西还利用地面站接收美国陆地卫星和气象卫星的资料并进行分析，提供有关信息；后来又接收法国斯波特卫星以及中国风云1号气象卫星的资料，这为开展太空应用做了基础性工作。中巴地球资源系列卫星是中国和巴西政府间开展的合作项目，由中国航天科技集团公司和巴西空间研究院联合研制，主要应用于国土、林业、水利、农情、环境保护等领域的监测、

规划和管理。资源卫星01星、02星、02B星和04星分别于1999年10月14日、2003年10月21日、2007年9月19日和2014年12月7日在太原卫星发射中心成功发射，发挥了显著的经济、社会效益。

目前，巴西"静地国防战略与战略通信卫星"正处于集成测试阶段，卫星发射后将为巴西军队提供覆盖整个南美地区的通信能力，巴西政府希望借助于"静地国防战略与战略通信卫星"，获得军用与民用战略通信的自主权，并将宽带互联网扩展至巴西全境。

巴西先后研制出4种型号固体探空火箭，利用这些火箭进行了高空物理研究、大气研究活动。但是，巴西自行研制的"卫星运载火箭"（VLS）四次发射均以失败告终。1997年11月2日火箭第一次发射，因火箭第一级的4个发动机中的1个未能点燃从而失败。第二次发射于1999年12月11日进行，仍以失败结束。第三次发射在2003年8月22日进行，运载火箭发射升空时发生爆炸，造成21人死亡，发射台被破坏。原计划在2016年初再次进行该型火箭的试验发射，后来取消了这一发射任务，计划将采用新型运载火箭。目前巴西正在与德国航空航天中心（DLR）合作研制"微卫星运载火箭-1"（VLM-1）项目，计划2018年首次发射，但截至目前仍未发射。

巴西阿尔坎塔拉发射中心始建于1982年，1992年2月落成并进行了第一次发射任务。中心占地$520km^2$，坐落于巴西西北部马拉尼昂州的大西洋海岸线上，隶属巴西空军。阿尔坎塔拉发射中心堪称世界上最灵活而且费效比最佳的发射中心之一，是世界上距离赤道最近的发射基地，这为发射任务带来了极大的成本优势。除了节约成本之外，阿尔坎塔拉发射中心的地理位置还有一个优点，那便是拥有进一步向外扩展的空间，因为它所在的巴西东北部的马拉尼昂州地广人稀，不会像其他发射中心那样经常面临周围居民区太密集的困扰。

5.8 加拿大，与美军紧密协作，太空监视能力突出

加拿大航天活动始于20世纪50年代末，1958年加拿大参与到美国的太空监视活动中，并从此在太空监视活动中发挥着极为重要的作用。当时加拿大与美国签署协议，在加拿大建造雷达站。20世纪60年代，加拿大安装了地基望远镜用于监视太空物体，冷战结束后该望远镜在1993年停止运行。2005年加拿大启动另一个空间广域监视计划，依靠加拿大航天局建造的雷达

卫星提供数据。

加拿大在 2012 年 12 月使用印度运载火箭从印度南部航天中心发射首颗运行的军事卫星"蓝宝石"（Sapphire）（图 5-9），与"蓝宝石"卫星一同发射的还有加拿大的"近地物体监视卫星"（NEOSSat）。"蓝宝石"卫星是加拿大太空监视系统的核心组成部分，将向美国太空监视网络提供数据。"蓝宝石"卫星是加拿大军队拥有的首颗运行卫星，卫星利用小型三反射光学系统望远镜，每天至少对 6000～40000km 深空中的 360 个太空物体进行成像，可以为美国太空监视网提供数据。加拿大国防研究通信部曾经建造 2 颗卫星，后被其他部门接管。因此，"蓝宝石"卫星意味着加拿大军方重返太空，此次，加拿大军方参与了卫星的研制到运行的所有工作。

图 5-9 "蓝宝石"卫星

"近地物体监视卫星"（图 5-10）是加拿大首个专门用来研究近地小行星的太空望远镜。它只有手提箱大小，每天可以产生上百幅图像。预计每 100min 环绕地球一周，扫描靠近太阳的太空，指出某天可能经过地球的小行星。卫星将用一半时间寻找可能危及地球的小型星际物体，另一半时间用于寻找地球周围的卫星和太空碎片。"近地物体监视卫星"和"蓝宝石"卫星获取的太空数据被送往加拿大军方的传感器系统运行中心，进而发往美国范登堡天军基地的联盟太空作战中心。

加拿大认为开展航天合作对于提升其军事航天的能力尤为重要。加拿大军队依赖于太空来执行多种任务，如指挥与控制、获取气象信息、导航、通信、测绘、搜救等。2014 年 9 月 22 日，加拿大国防部与澳大利亚、美国、英国国防部门签署了太空行动谅解备忘录《联合太空行动计划》，正式确立了加拿大与其盟国军队的合作关系。该计划将使各伙伴国共享与太空相关的信息和资源，也将帮助加拿大及其盟国更有效地开展活动，例如识别和了解太空目标、确保卫星运行不受干扰、避免卫星碰撞等。

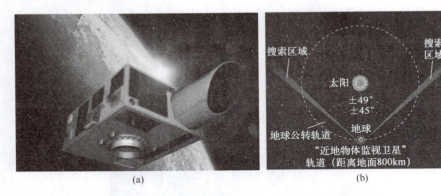

图5-10　"近地物体监视卫星"（a）及其覆盖范围（b）

2014年11月27日，加拿大国防研发部发布太空态势感知研究招标书。此次招标源于"联合军队研发"太空行动项目中的"太空态势感知与新兴太空技术"子项目。旨在研发与加拿大太空行动指挥部任务相关的"加拿大武装部队"能力。为使太空行动指挥部对未来的太空态势感知需求做好技术储备，需对某些特定领域技术进行验证。太空行动指挥部需规划太空共同行动图，以在加拿大武装部队、国内用户与国际盟友彼此间形成太空态势感知的交互接口，从而更好地完成轨道确定与评估、综合评估、目标再入预警与预测、卫星寿命类型确定，以及太空目标识别。

2015年9月，加拿大国防部与美国空军签署了一项协议，该协议同意在美国空军下一代GPS卫星上安装加拿大的搜寻与援救转发器。由加拿大"中地球轨道搜索与援救"（MEOSAR）卫星项目提供的转发器将减少其定位求救信号的时间。24h搜寻与援救转发器将会安装在美国空军GPS-3卫星上。第一个中继器预计将安装在2017年发射的卫星上。"中地球轨道搜索与援救"卫星项目将建设3个地面站，2020年前将建设地面站。一旦进入地球2.2万km的轨道，"中地球轨道搜索与援救"卫星转发器就可以探测到紧急状况，并将信号传输回地面接收站。紧急信号被发送至相关机构，从而使处于危险的人员可以被快速定位和援救。

2022年3月，加拿大北极星地球与太空公司宣布计划组建一个卫星星座来采集太空态势感知数据，并正在与美国尖顶（Spire）公司联合部署初始星座。尖顶公司将开发 3 颗 12U 立方星并于 2023 年发射，卫星将利用所载遥感器为北极星公司采集 SSA 数据。两家企业未公开合同金额，但表示合同包含另外数十颗卫星的选项。这些卫星是尖顶公司首批具有更高功率和边缘计算能力的 12U 立方星，将通过尖顶公司的"太空即服务"协议成为该公司更大规模的立方星星座的组成部分。

2022 年 7 月，加拿大空军在渥太华市正式成立第 3 太空师，主要职责是整合太空军事职能，提升通信、导航、指挥控制、态势感知等关键太空能力，进而支持搜索救援、海外行动决策、北美防空防天司令部行动及监测北极海上路线等；第 3 太空师将"联盟太空行动倡议"列为优先事项，其他参与国包括美国、澳大利亚、法国、德国、新西兰、英国等。第 3 太空师总部编制约 175 人，下辖第 7 联队，该联队由第 7 太空作战中队和第 7 作战保障中队组成，负责为加拿大空军作战提供天基数据和能力。

5.9 澳大利亚，机构先行，成立太空司令部

2020 年 2 月，澳大利亚航天局正式成立。澳政府指出，澳大利亚航天产业集中在卫星制造、地面支持设备和航天发射业务，到 2040 年全球太空经济市场预计超过 1 万亿澳元，希望借此实现 2030 年航天产业增长 2 倍的目标，达到 120 亿澳元产值并提供 2 万个就业岗位，在全球太空经济市场争取更多份额。

2022 年 3 月，澳大利亚航天局启动国家太空战略制订工作，旨在整合太空领域快速发展的民用、商业和军事资源，确定未来 20 年或更长期的航天目标，使澳大利亚变成太空强国。

2022 年 3 月，澳大利亚成立太空司令部，仿效美国天军从陆、海、空军选拔约 100 人，任务是确保澳大利亚在"已经拥挤且有争议的"太空中的地位，在太空领域军事对抗中国和俄罗斯。澳大利亚的太空战略计划未来 5 年达到整合军、民、商航天产业的目标，并制定了 5 条行动路线：①增强军事太空能力，确保联合部队在对抗性太空环境中进出；②整合政府与盟国和合作伙伴之间的军事影响力，支持澳大利亚国家安全；③提高国民对太空重要性的认识；④提高澳大利亚自主太空能力，支持可持续的国家太空事业发展；⑤推动国防太空事业发展，确保对太空的有序高效利用。澳大利亚计划投资 25 亿美元升级西北偏远地区的科廷军事基地，用于支持演习并在国家紧急状

态或战争期间使用，升级内容包括通信、水、电、道路、办公室、车间、机库、存储和安全基础设施等，但升级计划需议会批准，预计 2024 年底开始实施，并于 2026 年中完成。国防部计划 2023 年发射首颗军用国产侦察卫星，确保持续获得天基情报、监视和侦察（ISR）能力。

5.10　乌克兰，鼓励商业航天

2019 年 10 月，乌克兰总统泽连斯基签署修订乌克兰太空活动法规的法律，并得到议会批准。该法明确了乌克兰太空活动的基本原则，包括国家支持太空活动商业化，鼓励对乌克兰太空产业投资；公民和法人实体可拥有自由探索和利用太空的能力，包括利用外空及其资源的能力；持续改革太空探索与利用的公共政策；有效利用乌克兰科技潜力和太空活动带来的机会，为实现国家经济、科学、安全和商业目的服务；维护和发展航天领域现有国际通信。

2020 年 2 月，乌克兰通过了《关于对乌克兰某些航天活动国家法规的法律修正案》。法案规定，私营企业可以获得以下许可：测试和发射运载火箭、航天器；控制地球轨道或外层空间中的航天器；操作航天器或其组件从地球轨道或外层空间返回地球。乌克兰拥有独立建造泽尼特运载火箭的能力。

2022 年 5 月，葡萄牙全球对地观测卫星公司（GEOSAT）的 GEOSAT-2 卫星成为第一颗专门为乌克兰传送地面观测数据的卫星。GEOSAT-2 卫星运行在平均高度为 620km 的太阳同步轨道，重访时间为 2 天（中纬度为 1 天），可传送超高分辨率数据，使乌克兰获得距离边境 100km 地区内的数据。

5.11　其他国家，具备不同程度的军事航天能力

2019 年 12 月，埃及航天局表示准备与 7 个非洲国家一起联合发射非洲研发的卫星。

2020 年 2 月，沙特航天局正式成立并举行首次董事会，批准了 2019 年底沙特航天委员会制定的《国家航天战略》及相关法律政策文件。

除了以上国家外，阿联酋、印度尼西亚、菲律宾等国家也通过其他国家

研制、发射了军民两用卫星，阿根廷能够将火箭送入太空，哈萨克斯坦的运载火箭项目取得一定进展。目前，世界上约有 60 多个国家在太空部署了 5000 多颗卫星，其中 30 多个国家具备不同程度的军事航天能力。同时，许多国家虽然没有能力发展自己的军事航天力量，但充分利用他国的航天系统为本国军事力量服务。还有一些国家和组织在意识到自身在太空领域的劣势后，正在探索以直接或间接的方式发展太空能力。未来，太空领域的竞争与对抗将会越来越激烈，军事航天将成为各国未来建设的重点方向。

参考文献

[1] 王鹏. 日本已悄然成为一个太空军事强国[N]. 中国青年报，2015-06-19.
[2] 朱鲁青，宋轶姝. 印度航天发展一瞥[J]. 国际太空，2015，7：58-61.
[3] 庞之浩. 印度遥感卫星家族[J]. 太空探索，2012，6：44-47.
[4] 天兵. 印度染指导航卫星[J]. 现代军事，2013，9：34-37.
[5] 楚水昂. 以色列首颗卫星发射：摆脱美援"熬"了 15 年[N]. 环球时报，2012-04-24.
[6] 谢瑞强. 从射星危机看朝鲜航天技术发展[J]. 太空探索，2016，4：50-53.
[7] 张相国. 朝鲜卫星发射的作用分析[J]. 兵器知识，2016，5：24-27.
[8] 祁首冰. 韩国遥感卫星系统发展及应用现状[J]. 卫星应用，2015，3：52-56.
[9] 刘明. 太空领域的南北对话：美国与巴西航天合作探究术[J]. 拉丁美洲研究，2016，38(1)：128-140，158.
[10] 肖裕声. 21 世纪世界军事发展新趋势[N]. 参考消息，2015-11-25.

后 记

军事航天自出现以来，发展速度迅猛，尤其是在近几场高科技战争中发挥了不可替代的作用。军事航天促使战争形态加速演变，侦察和态势感知卫星使得战场态势一目了然，气象卫星时刻掌握战场风云变化，导航定位卫星让精确打击毫厘不差，通信和中继卫星实现单兵和总部实时互联互通。军事航天的出现导致战争时空概念发生变化，使战争在有形空间和无形空间同时进行，时间和空间关系发生重大变化，使陆海空天的界限变得模糊，并逐渐融合向一体作战力量转变。军事航天改变了以往的战场观、时空观、力量观、战法观、作战效益观，使现代战争变得出神入化。

在本书编写过程中，参考和引用了相关专家和学者的大量研究成果，并得到李颖副教授的直接帮助，在此对这些专家和学者表示感谢，是他们的大量研究和帮助才有本书的问世。同时，由于我们学识有限，本书的研究和撰写中难免有不妥之处，敬请相关领域专家学者批评指正！

曾德贤

2023 年 10 月